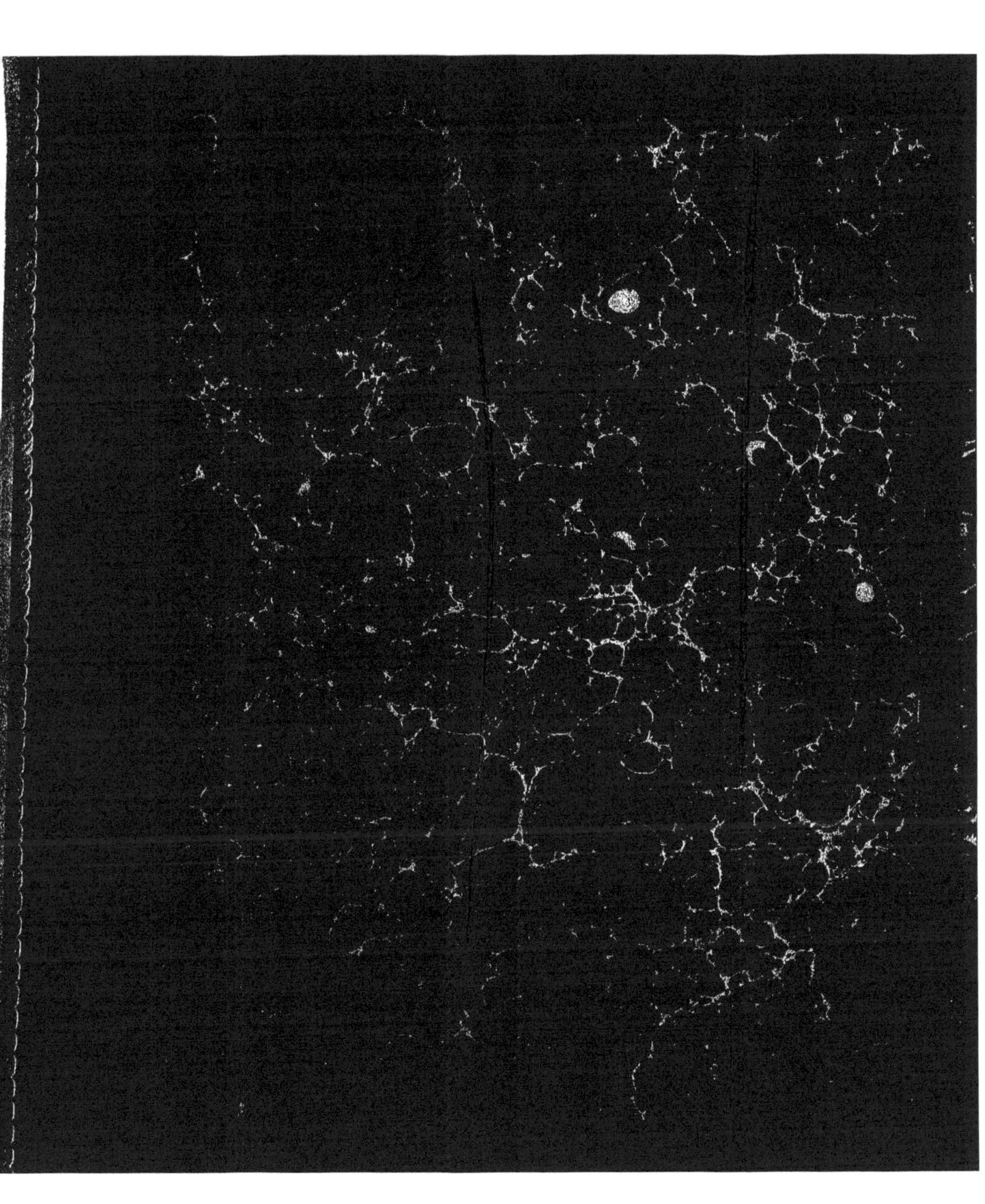

NOTICE

SUR LE NOUVEAU SYSTÈME

DE PONTS EN FONTE

SUIVI DANS LA CONSTRUCTION

DU PONT DU CARROUSEL.

SE TROUVE AUSSI :

A LONDRES, chez JOHN WEALE, libraire, 59, High-Holborn ;

A LEIPSIG, chez LEOPOLD MICHELSEN, libraire.

PARIS. — IMPRIMERIE DE FAIN ET THUNOT,

RUE RACINE, 4, PRÈS DE L'ODÉON.

NOTICE

SUR LE NOUVEAU SYSTÈME

DE PONTS EN FONTE

SUIVI DANS LA CONSTRUCTION

DU PONT DU CARROUSEL,

PAR

A. R. POLONCEAU,

OFFICIER DE LA LÉGION-D'HONNEUR, INSPECTEUR DIVISIONNAIRE DES PONTS ET CHAUSSÉES.

A PARIS,

CHEZ CARILIAN-GOEURY ET Ve DALMONT,

LIBRAIRES DES CORPS ROYAUX DES PONTS ET CHAUSSÉES ET DES MINES

QUAI DES AUGUSTINS, N°s 39 ET 41.

1839.

TABLE DES MATIÈRES.

RECTIFICATIONS DU TEXTE ET ADDITIONS.

Page 2. Note 2e, 2e ligne : *Au lieu de* cinq sections, *lisez* trois sections, et *au lieu de* cinquième *lisez* tiers.

Page 27. 8e ligne : *Au lieu de* boulon, *lisez* bouton.

Ib. 2e alinéa, 3e ligne : *Au lieu de* pl. III, *lisez* pl. II.

Page 48. 3e alinéa, entretoises, 7e ligne : *Au lieu de* en fer forgé, *lisez* en fonte mince et boulonnées.

Ib. ib., 8e et 9e lignes : *Au lieu de* mais elles sont en fonte et très fortes, *lisez* et en fonte, mais elles sont très fortes.

Page 49. 3e ligne : *Au lieu de* comprend, *lisez* doit comprendre.

Page 56. *A la suite du premier alinéa du paragraphe* chaussée, *il faut ajouter ce qui suit :*

La moitié de cette épaisseur aurait suffi pour assurer le service des voitures; je l'ai augmentée pour ajouter à la stabilité du pont et pour diminuer l'amplitude des vibrations, laquelle est en raison inverse de la charge des arches, certain que cette surcharge ne pouvait avoir aucun inconvénient.

Page 57. 5e ligne : *Au lieu de* en dehors de la ferme de rive, *lisez* au-dessus de la ferme de rive.

Page 75. 2e alinéa, 9e ligne : Pendant l'impression de l'ouvrage, j'ai reconnu qu'il convenait de supprimer les fourreaux ménagés dans les diaphragmes, lesquels sont décrits dans ce paragraphe, dans les fig. 15, 16 et 18 de la pl. II, et dans les fig. 2 et 3 de la pl. VIII, parce que, pour permettre de satisfaire aux conditions indispensables expliquées dans le Mémoire, pag. 45 et 46, il faudrait donner à ces fourreaux des diamètres au moins doubles de ceux des boulons. Par ce motif, je crois définitivement préférable de supprimer les fourreaux et de placer les boulons en dedans des diaphragmes, comme l'indiquent les fig. 7 et 8 de la même planche, et alors l'assemblage des segments se fera exactement de la même manière que celui du pont du Carrousel.

Page 84. 3e alinéa, 7e ligne : *Après le mot* défendre, *effacez* et que.

Page 91. Article d'un pont léger pour un parc : *Après les mots* représente un, *effacez* projet de.

Page 127. *Après l'explication des fig.* 2 et 3 *de la pl. VIII, il faut ajouter ce qui suit :*

Fig. 7. La portion d'arc représentée dans cette figure est semblable à celle qui fait partie de la fig. 2, mais avec la différence que les fourreaux indiqués dans celle-ci pour le passage des boulons, sont supprimés et que les boulons, au lieu de traverser les diaphragmes des collets dans le milieu de leur épaisseur, sont placés au dessous et en dedans de ces diaphragmes.

Les petits élargissements qui séparent les points de jonction des deux lames des diaphragmes, sont simplement les intervalles des portées; les ouvertures plus grandes et de forme ovale sont destinées au coulage du bitume.

La fig. 8 représente la coupe de la portion d'arc de la fig. 7, pour faire voir la situation respective des diaphragmes simples sans fourreaux et des boulons.

EXPLICATION DE QUELQUES TERMES TECHNIQUES

POUR

LES PERSONNES ÉTRANGÈRES A L'ART DE L'INGÉNIEUR.

L'*étiage* d'une rivière est le niveau de superficie de ses plus basses eaux.

On nomme *culées*, les massifs en maçonnerie sur lesquels s'appuient les deux extrémités d'un pont; et *piles*, les appuis en maçonnerie qui supportent les points intermédiaires entre les culées, et qui divisent le pont en plusieurs arches. (Pl. III.)

Les *crèches* sont des enceintes composées de pieux et de palplanches jointifs et fortement moisés, qui enveloppent les fondations des piles et des culées.

On appelle *coussinets*, les pierres dont se composent les assises des culées et des piles qui règnent aux naissances des arches et sur lesquelles reposent les premiers voussoirs que l'on nomme *voussoirs de naissance*, ou bien les extrémités des arcs en bois, ou en métal, dont se compose une arche.

On nomme *ferme* l'ensemble d'un arc et des pièces placées au-dessus dans un même plan vertical jusqu'au plancher, lesquelles pièces forment, par leurs assemblages entre elles et avec l'arc, un système rigide. (Voyez l'élévation latérale du pont.)

On distingue dans une *ferme en fonte* trois parties principales, savoir :

L'*arc*, c'est-à-dire la pièce inférieure et cintrée qui supporte toutes les autres parties de la ferme;

Le *longeron* qui est une pièce droite, ou légèrement courbe, dont le milieu repose sur le sommet de l'arc et les extrémités sur les couronnements des piles et des culées;

Et les *tympans*, qui sont les deux espaces en triangle, curvilignes semblables, compris entre l'arc et le longeron, et qui sont situés l'un à droite et l'autre à gauche du sommet, ou de la *clef* de l'arc.

Les *entretoises* sont les pièces qui servent à relier les fermes entre elles pour prévenir leur écartement ou leur rapprochement. Ces pièces sont attachées par une de leurs extrémités à une ferme et par l'autre exrémité à une ferme voisine. Il y a des *entretoises d'arcs* et des *entretoises de tympans*. Ces dernières sont ordinairement perpendiculaires au plan des fermes, on les nomme *entretoises droites*; mais il y a des *entretoises* d'arcs qui sont *droites*, et d'autres *obliques*. (Voyez les pl. VI et VIII.)

Le *plancher* se compose des *pièces de pont et du tablier*. (Pl. VII.)

On désigne par ce nom impropre de *pièces de pont*, les poutrelles qui sont posées transversalement et fixées dans les longerons des fermes, à peu de distance l'une de l'autre.

Le *tablier* se compose d'un cours simple ou double de madriers jointifs cloués sur les pièces de pont. (Pl. VII.)

On nomme *croix de Saint-André*, des pièces de bois, de fer ou de fonte, croisées de manière à former deux angles aigus et deux obtus, et assemblées avec les fermes pour les contreventer, c'est-à-dire pour les empêcher de déverser dans aucun sens; elles se placent tantôt dans les intervalles des entretoises, comme au pont de Southwark, et tantôt sur le plancher, comme on le voit dans les pl. V et VIII.

AVANT-PROPOS.

Plusieurs de mes amis m'ont blâmé de ce que je tardais à publier un Mémoire sur le système de construction du pont du Carrousel, et j'ai appris que quelques autres personnes s'étonnaient de ce retard : je crois devoir en expliquer les causes.

Plus un système renferme d'innovations, plus il a besoin de la sanction du temps. Je n'avais, il est vrai, dès l'origine, aucun doute sur la stabilité de ce nouveau pont, et j'étais bien convaincu qu'il n'éprouverait pas d'accidents graves; mais je ne pouvais savoir quels effets seraient produits sur les assemblages par les actions, tantôt successives et tantôt simultanées, des dilatations, des vibrations et des retraits : il eût été, sinon tout à fait impossible, au moins très difficile de déterminer ces effets d'avance, parce qu'il s'agissait là d'un ouvrage d'art qui, par son mode de construction et par ses dimensions, différait beaucoup des travaux analogues exécutés antérieurement.

Un Mémoire descriptif du pont du Carrousel, pour être véritablement utile, devait non seulement exposer les procédés adoptés pour son exécution, la marche à suivre et les précautions à prendre dans l'établissement d'ouvrages semblables, mais encore faire connaître les effets de l'expérience d'un service de quelque durée et du temps, soit qu'elle confirmât ou qu'elle infirmât les principes qui ont déterminé à adopter le nouveau système suivi dans l'exécution de ce pont; il fallait donc, pour rendre ce Mémoire plus complet, en différer la publication jusqu'à ce que l'épreuve pût être considérée comme suffisante.

D'un autre côté, j'avais déjà entrevu, pendant l'exécution même des travaux, qu'il conviendrait de modifier quelques parties du système, afin d'éviter diverses difficultés de pose et de fortifier certains assemblages. J'avais étudié les changements qu'il conviendrait de faire; mais mes idées n'étaient pas encore entièrement fixées, et il convenait d'attendre qu'elles le fussent avant de proposer aucune modification.

Je comptais ne publier ce Mémoire que dans un ou deux ans; d'abord, parce que j'espérais donner à sa composition et à sa rédaction plus de temps que je ne puis lui en consacrer aujourd'hui au milieu d'occupations nombreuses et pressantes; et ensuite, parce que je désirais mûrir davantage mes vues d'amélioration et mes études pour de nouveaux projets de ponts.

Cependant le Conseil général des ponts et chaussées avait exprimé le vœu de voir multiplier les applications de ce nouveau système, et proposé de le suivre dans l'exécution du pont de Louviers. D'autre part, plusieurs ingénieurs français et étrangers, et des propriétaires de grandes fonderies m'avaient témoigné le désir d'obtenir des renseignements sur le pont du Carrousel (1), et M. le Directeur général des

(1) Un pont en fonte de trois arches vient d'être construit, dans ce système, à Angers, par MM. Chaley, le célèbre auteur du pont de Schaffouse, et Bordillon. Deux projets de ponts en fonte du même genre ont été récemment approuvés par M. le Directeur général des ponts et chaussées, pour le département du Bas-Rhin, et MM. A. et E. Dietrich, propriétaires de la belle fonderie de Reischoffen (Bas-Rhin), qui doivent les exécuter, se proposent d'en faire établir plusieurs autres dans les départements voisins.

ponts et chaussées m'avait invité, par des motifs d'utilité générale, à ne pas différer davantage la publication d'un écrit sur ce sujet. Il m'a donc fallu faire céder mes motifs personnels à ces demandes qui avaient nécessairement beaucoup d'influence sur ma volonté.

Ma première intention était de me borner à publier la description détaillée du pont du Carrousel et des procédés suivis pour son exécution; mais j'ai senti que le but que je me proposais ne serait rempli que très imparfaitement, si je ne faisais pas connaître les raisons qui m'ont déterminé à chercher un nouveau mode de construction. Voulant donc rendre cet ouvrage utile, surtout aux jeunes ingénieurs qui recherchent les progrès de l'art, j'ai pensé que je devais, tout en rendant compte du mode de construction que j'ai adopté, développer la série des idées qui m'ont conduit à créer le système dont ce pont est la première application : c'est cette pensée plus générale qui a présidé aux développements présentés dans la Notice qu'on va lire.

La PREMIÈRE SECTION renferme un exposé historique, très sommaire, des principaux ponts en fonte et en fer exécutés avant 1830 ; elle est suivie d'observations critiques sur les divers modes de construction adoptés ou proposés par plusieurs ingénieurs. J'ai ensuite divisé, en deux classes distinctes, les ponts exécutés jusqu'à ce jour, savoir : 1° les ponts dont les cintres se composent d'arcs; 2° et les ponts dans lesquels on s'est contenté d'employer des voussoirs analogues à ceux des arches en pierre. Puis, après avoir examiné les avantages et les inconvénients de l'un et de l'autre mode d'exécution, j'ai expliqué les motifs de ma préférence pour le système des arcs.

Frappé du petit nombre de ponts en métal exécutés en France, comparativement aux ponts en pierre et en charpente, j'ai dû rechercher les causes de cette infériorité qui ne se justifie pas d'elle-même, et j'ai cru les trouver dans les accidents survenus à quelques-uns de nos ponts en fonte, et dans les prix trop élevés de leur exécution. Cette observation m'a conduit naturellement à examiner s'il ne serait pas possible d'éviter les défectuosités que l'expérience a signalées dans ce genre de construction, et d'augmenter la force et la résistance des arches en fonte, en même temps qu'on diminuerait les frais de leur établissement.

Pour parvenir à la solution de ce problème, j'ai senti la nécessité de fixer d'abord les principes généraux qui devaient me guider dans mon étude, et d'établir ensuite les conditions auxquelles doit satisfaire un pont en fonte sous divers rapports, tels que la force de résistance, la stabilité, la facilité de la pose et des réparations, enfin l'économie dans la quantité de métal employée et dans les dépenses.

La SECONDE SECTION de mon Mémoire présente une description générale et raisonnée des parties principales du pont du Carrousel, de toutes les pièces qui le composent ; elle fait connaître ensuite les procédés employés pour l'assemblage et la pose de chacune d'elles.

J'ai profité de cette occasion pour indiquer un nouveau système d'échafauds légers et économiques auxquels j'ai donné le nom d'échafauds volants, parce qu'ils peuvent servir successivement au levage d'un grand nombre de ponts.

Les questions relatives aux dilatations et aux vibrations, et celles qui concernent les moyens d'apprécier la résistance des ponts en fonte, ont été traitées par moi très rapidement, parce que, dans mon opinion, la théorie actuelle ne suffit pas à résumer cet ordre de faits, ni à en rendre compte d'une manière satisfaisante, et que je considère l'établissement d'une théorie nouvelle comme beaucoup au-dessus de mes forces.

J'ai exposé, dans la TROISIÈME SECTION, quelques perfectionnements que l'expérience m'a fait reconnaître, et j'ai indiqué leur application à un nouveau pont ressortant de mon système.

La QUATRIÈME SECTION embrasse des considérations diverses sur l'utilité du pont du Carrousel et sur des objets accessoires, tels que ses ornements, etc., la relation de son inauguration et la liste des personnes qui ont concouru à son exécution.

Dans la CINQUIÈME SECTION, j'ai fait connaître la possibilité d'appliquer le nouveau système à des ponts de divers genres et de grande ouverture, pour des routes, pour des viaducs de chemins de fer et pour des ponts-aqueducs.

Pour mieux faire comprendre la facilité de ces applications, j'ai présenté des études de cinq projets différents :

1° Pour le passage de la Dordogne, à Saint-André de Cubsac, au moyen d'un pont de cinq arches, de 100 mètres d'ouverture chacune ;

2° Pour la traversée du vallon de l'Aar, à l'entrée de la ville de Berne ;

3° Pour un petit pont léger et élégant qui devait s'exécuter dans un parc ;

4° Pour un pont-aqueduc destiné à faire traverser, par-dessus un petit vallon, un canal destiné à conduire des eaux à la ville de Madrid;

5° Et pour un pont léger ou passerelle pour les piétons, dans le but d'établir, au moyen d'une grande arche qui embrasserait le cours ordinaire de la Seine, une communication directe, très désirée et depuis longtemps réclamée, entre le faubourg Saint-Germain et le jardin des Tuileries, vis-à-vis la rue Belle-Chasse.

Avant de terminer cet Avant-propos, je ne crois pas inutile de donner un avertissement aux jeunes ingénieurs auxquels mon Mémoire est principalement destiné. Je me fais un devoir de prévenir ceux d'entre eux qui veulent se vouer à la carrière honorable, mais très pénible, des améliorations et des progrès de l'art, qu'ils doivent s'attendre à de longues fatigues et à des difficultés de tout genre, pour parvenir à réaliser leurs projets. Qu'ils soient bien persuadés que ce n'est qu'à force de patience et de persévérance qu'ils pourront faire adopter leurs idées, alors même que l'utilité en serait incontestable. Le travail intellectuel pour la composition des projets et les peines que l'on éprouve dans leur exécution, sont des jouissances, si on les compare aux contradictions et aux tourments qu'il faut attendre des influences étrangères, et surtout des inimitiés jalouses et de la rivalité des intérêts opposés.

Parmi un grand nombre d'exemples des obstacles et des contrariétés qui se rencontrent si souvent dans cette carrière, il doit m'être permis de rappeler faiblement et en peu de mots ce que j'ai eu à souffrir pour la réalisation de l'ouvrage d'art décrit dans cette Notice.

L'utilité du pont du Carrousel et la valeur réelle du projet ne peuvent plus être contestées, mais elles l'ont été longtemps. Repoussé d'abord pendant deux ans, comme inutile, ce projet a été écarté du concours de la première adjudication par la préférence exclusive donnée par un ministre à un pont suspendu (préférence difficile à comprendre pour un tel emplacement).

Lors de la seconde adjudication, j'obtins enfin, après bien des instances, que la concurrence s'établît à la fois entre le système des ponts fixes et celui des ponts suspendus. Mais les conditions imposées au premier de ces deux systèmes étaient généralement regardées comme inexécutables dans les conditions ordinaires et en employant les systèmes connus : aussi n'y eut-il qu'une seule soumission pour un pont fixe, celle de mon projet. Elle fut rejetée lors de l'adjudication, faute d'avoir rempli une formalité requise, bien qu'il fût prouvé et constaté que cette omission tenait à une cause de force majeure. Je fis appel de cette décision devant le Conseil d'état qui annula l'adjudication passée en faveur du pont suspendu et transporta la concession à mon projet. Néanmoins l'exécution fut arrêtée encore pendant un an, d'abord par quatre procès sans fondement que me suscitèrent des intérêts opposés, puis par l'abandon que fit de mon projet le soumissionnaire disposé à accueillir trop légèrement un autre système de pont fixe, en apparence plus économique. Je fus obligé ainsi, pour assurer la réalisation de mon idée, d'acquérir moi-même la concession à mes risques et périls. Pendant un an entier, je fis de vains efforts pour obtenir les capitaux nécessaires. Par suite des faux bruits répandus à profusion par des ennemis de ce projet, il était devenu l'objet d'une réprobation générale, en sorte que le voyant repoussé par tous les capitalistes, je me décidai, pour éviter les pertes d'une campagne, à commencer les fondations avec mes ressources personnelles, mais elles furent bientôt épuisées et dépassées, et je fus forcé d'interrompre les travaux. Pour comble de malheur, la concession tomba en déchéance à la suite des retards causés par tous ces obstacles. Enfin, après avoir obtenu de la justice de l'administration une courte prorogation, et l'assurance des moyens d'exécution par des capitalistes honorables et éclairés, au moment de reprendre les travaux de fondation, ce projet fut encore compromis par une attaque violente que fit à la tribune un député de Paris, qui affirmait que ce pont était tout à fait inutile parce qu'il n'y passerait personne, et demandait sa suppression.

Malgré tant d'entraves et de malheurs, soutenu dans mes efforts par la conviction profonde de la bonté et de l'utilité de ce projet, et animé surtout par le sentiment d'honneur que j'y attachais, j'ai atteint mon but à force de persévérance, et grâce à l'appui de quelques amis, vraiment dignes de ce titre, qui m'ont aidé à surmonter tous les obstacles avec un zèle et un dévouement bien rares.

Je désire que cet exemple apprenne aux jeunes ingénieurs qu'il ne faut point se décourager facilement par les oppositions et les peines de tout genre auxquelles sont inévitablement exposés ceux qui projettent et exécutent de grands ouvrages d'utilité publique, surtout lorsqu'ils veulent faire prévaloir des idées nouvelles.

NOTICE

SUR LE NOUVEAU SYSTÈME

DE PONTS EN FONTE

SUIVI DANS

LA CONSTRUCTION DU PONT DU CARROUSEL.

PREMIÈRE SECTION.

EXPOSÉ HISTORIQUE

DES PRINCIPAUX PONTS EN FONTE EXÉCUTÉS AVANT 1830,

EN ANGLETERRE ET EN FRANCE,

ET DES DIFFÉRENTS SYSTÈMES ADOPTÉS PAR DIVERS INGÉNIEURS.

Ponts exécutés en Angleterre.

Le premier pont en fonte de quelque importance, exécuté avec succès, est celui de Coalbrookdale, sur la Saverne; il a été construit, en 1779, sur le projet de M. Abiah Darby, par deux habiles maîtres de forges anglais, MM. John Vilkinson et Abraham Darley.

Depuis cette époque, on a établi, en divers pays, plusieurs autres ponts en fonte, d'après des systèmes variés. Nous pouvons citer, parmi ceux qui ont été construits en Angleterre, les ponts de Vearmouth, à l'entrée de Sunderland, composé par M. Wilson, et exécuté de 1793 à 1796 par Rowland Burton (1); de Builwash, par M. Telford, en 1796;

(1) Il paraît que la première idée d'arches formées avec des voussoirs en fonte est due à Payne qui exécuta, en 1790, une ferme de ce genre, de 27 mètres de rayon, et c'est d'après cet exemple que MM. Wilson et Burton adoptèrent ce système pour le pont de Sunderland.

de Staines, par M. Wilson, de 1808 à 1812 (1); de Boston, dans le Lincolnshire, par M. Rennie; de Bristol, par M. Jessop; du Wauxhall, à Londres, projeté et commencé en 1813 par M. Rennie, père, et terminé en 1816 par M. Walker; puis le magnifique pont de Southwark, exécuté de 1814 à 1818 par MM. Rennie, père et fils; enfin un pont exécuté en 1827, dans le même système que le précédent, près de Plymouth, par M. J. Kendel, ingénieur (2).

En Silésie. Dans cet intervalle, trois ponts en fonte ont été construits sur le continent, l'un d'un système léger et fort élégant à Laasan, dans la basse Silésie, par M. le comte Burghauss; et les deux autres en France : En France. le pont des Arts, exécuté par MM. De Cessart et Dillon, a été terminé en 1803; et le pont d'Austerlitz, par M. Lamandé, de 1800 à 1806.

Projets divers non réalisés. En 1796, M. Fulton proposa un système de ponts dont les arches devaient se composer de plaques en fonte parallèles à la voussure et disposées comme les douelles d'une voûte en pierre. M. Nash prit en 1797 une patente pour un système analogue au précédent; il proposait de former des voûtes soit en plaques de fonte qu'on aurait assemblées au moyen de boulons, soit avec des espèces de caissons qu'il se proposait de remplir en terre ou en maçonnerie, mais aucun de ces ponts n'a été exécuté.

---

(1) Le pont de Staines avait 55 mètres d'ouverture, et 4^{m}. 88 de flèche ; il était composé de voussoirs en châssis ; il est tombé par suite du glissement d'une des culées.

(2) Le pont du Wauxhall est formé de neuf arches égales, de 24 mètres d'ouverture ; chaque arche est composée de cinq sections ou grands voussoirs, dont chacune comprend le cinquième du cintre et une partie de tympan qui lui est adhérente. — Le pont de Southwark présente trois arches inégales, celle du milieu a 73 mètres d'ouverture et les latérales 64 mètres chacune. Les flèches des arcs sont le dixième des ouvertures. Les cintres sont formés de treize pièces, ou voussoirs, en lame de fonte pleine, de 2^{m}. 20 de hauteur et de 6^{m}. $\frac{1}{2}$ d'épaisseur, avec des côtes de renfort formant encadrement de 0^{m}. 035 de saillie. Ce pont, projeté dans l'origine par John Vyatt, a été exécuté par John Rennie. Ses fontes sont sorties des belles fonderies de MM. Walker à Ratheran, dans le comté d'Yorck. Son plancher est en fonte et en fer. Il y a des pièces de fonte qui pèsent 10,000 kilogrammes. — Le pont de M. Kendel est composé de cinq arches de 30 mètres d'ouverture.

DIVISION

DES PONTS EN FONTE EXISTANTS EN DEUX SYSTÈMES.

Tous les ponts en fonte exécutés avant 1830 peuvent se diviser, quant à l'ordonnance et au mode d'exécution, en deux systèmes bien distincts, dont quelques mots peuvent donner une idée générale.

Système des voussoirs et système des arcs.

Dans l'un des systèmes, les arcs des fermes sont composés de *chassis* de peu d'étendue, juxta-posés suivant des joints qui se trouvent dans le prolongement des rayons; ces châssis sont maintenus par de nombreuses entretoises : l'agencement des divers compartiments de ces fermes rappelle, par une analogie frappante, la disposition des *voussoirs* des ponts en pierre.

Dans l'autre système, où l'on fait usage de grands *arcs* et d'entretoises obliques en fonte et en fer forgé, on a imité les dispositions et les assemblages des ponts en charpente.

Les ponts de Vearmouth ou de Sunderland, de Staines, du Waux-hall, de Southwark en Angleterre, et d'Austerlitz en France, sont établis dans le premier système. On a suivi le second dans les ponts de Coalbrookdale et de Builwash, chez nos voisins, dans celui de Laasan en Silésie, ainsi que dans le pont des Arts chez nous.

Préférence donnée généralement jusqu'ici au système des voussoirs.

On voit que le système des voussoirs est celui qui a été le plus généralement adopté, particulièrement pour les plus grands et les plus beaux ponts exécutés jusqu'à ce jour, comme ceux de Sunderland, du Waux-hall, de Southwark et d'Austerlitz.

Examen de ce système.

Cependant, à mon avis, ce système est le moins rationnel. En effet, la disposition en voussoirs, convenable et même indispensable pour les ponts en pierre, a l'inconvénient grave de présenter un grand nombre de joints qui traversent entièrement les cintres dans leur épaisseur et les subdivisent en un grand nombre de sections. Ajoutez à cela que les châssis en fonte, auxquels on ne peut donner de grandes épaisseurs sans tomber dans des dépenses excessives, ne peuvent se joindre et s'épauler que par des surfaces étroites, et que leur légèreté et leur élasticité sont contraires à la stabilité, tandis que dans les arches en pierre la stabilité est due surtout au poids des pierres, à leur inertie, à la largeur des faces en contact dans les joints des voussoirs, et à la force d'adhérence des ciments interposés (1).

Pour atténuer la tendance constante au glissement des châssis en fonte sur leurs joints étroits, ainsi que le danger des disjonctions par suite des vibrations et des dilatations inhérentes aux arches en métal, on est forcé d'employer des encastrements et des ajustements de précision, toujours difficilement réussis et un grand nombre d'entretoises, parce que c'est le seul moyen de remédier à la faiblesse des assemblages, et enfin d'ajouter aux bords de contact des diverses pièces, pour fortifier leurs joints, tantôt des encastrements et tantôt des renflements ou des lames en retour, traversés par des boulons. Or ces assemblages ont, indépendamment de leur cherté, l'inconvénient d'exiger des surépaisseurs vicieuses, et d'exposer les pièces principales, affaiblies par de nombreux percements, aux ruptures que causent souvent les grandes vibrations, ainsi que les dilatations et les retraits causés par les changements de température.

On voit un exemple frappant des inconvénients de ce système au pont d'Austerlitz, dans lequel les assemblages des voussoirs qui sont faibles et trop découpés, ne s'opèrent que par des boulons. Aussi ce pont a-t-il éprouvé des ruptures si multipliées, qu'elles ont occasionné des affaissements sensibles dans les arches et qu'elles auraient déterminé sa chute, si l'on n'y avait pas remédié par une multitude de brides et d'étriers en fer forgé.

Le pont de Southwark, bien que composé de voussoirs, n'a éprouvé aucun accident; il doit cet avantage, premièrement aux formes et aux

---

(1) La force d'adhérence que procurent les ciments est telle, que l'on a vu des portions conservées d'arches, dont une partie s'était écroulée, rester suspendues comme si elles étaient composées d'une seule pierre avec l'appui auquel elles restaient attachées, et qu'en Angleterre M. Brunel a fait supporter des poids considérables à des parties de voûtes incomplètes qui n'avaient qu'un seul appui, et récemment construites avec du ciment romain.

dimensions de ses voussoirs et particulièrement de ses entretoises, dans lesquels surtout résident sa force et sa solidité, et secondement, à son système d'assemblage par encastrement, sans aucun boulon, avec serrement et tension au moyen de coins (1); mais ce système exige beaucoup de fonte et est très-dispendieux.

Le poids des fontes et des fers employés à ce pont, dont le plancher est aussi en métal, s'élève à 5,560,000 kilogrammes. Un pont construit sur ce modèle en France, où la fonte est plus chère qu'en Angleterre, coûterait presque autant qu'un pont en pierre de taille.

Lorsqu'on examine, avec attention, les conditions à remplir pour obtenir la résistance et la stabilité que doivent avoir des ponts en pierre et des ponts en métal, on reconnaît facilement qu'il n'y a réellement entre eux aucune analogie, et que conséquemment il n'y a non plus aucun motif raisonnable pour chercher à imiter, dans l'un de ces ouvrages, les dispositions particulières et spéciales de l'autre.

Motifs de préférence pour le système des arcs.

Il y a, au contraire, une assez grande similitude entre les ponts en charpente et les ponts en métal, parce que les uns et les autres doivent se composer de fermes verticales entretoisées; que le métal et les bois ont une véritable analogie sous le rapport de l'élasticité et des vibrations; et qu'il est facile d'exécuter des arcs en métal dans les conditions des arcs en bois. Les bois ont, à la vérité, l'avantage de se trouver facilement en pièces de grande longueur et d'exiger peu d'assemblages. Au lieu de cela, l'on n'obtient généralement, en ouvrage de fontes, que des pièces d'une longueur fort limitée; cette longueur ne peut guère, surtout quand les pièces sont de grande section, excéder 5 mètres

(1) Les voussoirs dont sont composés les arcs du pont de Southwark sont pleins et sans découpures, quoiqu'ils aient plus de 2 mètres de hauteur; ses entretoises sont composées de grandes plaques en fonte évidées de la même hauteur que les arcs et qui traversent perpendiculairement toutes les fermes d'une arche; les bords des voussoirs s'encastrent, de chaque côté de ces plaques, au moyen de cannelures transversales bordées de chaque côté de fortes nervures; une côte saillante et cylindrique qui forme la tête de l'entretoise, maintient et recouvre le joint des voussoirs de rive. Tous les voussoirs sont maintenus et serrés au moyen de coins en fer, logés dans les cannelures des entretoises.

sans inconvénient pour la bonté et l'homogénéité des pièces, ou sans une grande élévation de prix; mais ce désavantage de la fonte se rachète par la rigidité, par la force, et surtout par la précision inaltérable des assemblages, que le métal permet beaucoup mieux que les bois.

Avant de passer à l'examen des conditions du meilleur système à suivre, nous allons donner une description sommaire d'un mode de construction différent de ceux dont nous venons de parler. Ce mode a quelque analogie avec celui que nous avons adopté pour le pont du Carrousel, néanmoins, il y a, sous plusieurs rapports, de grandes différences entre l'un et l'autre.

Système d'arcs en tuyaux creux, cylindriques.

Il était naturel de chercher pour les ponts en fonte à augmenter la largeur des appuis et la résistance aux déversements, par le moyen employé dans beaucoup d'autres ouvrages en fonte, c'est-à-dire en faisant des pièces creuses. Il paraît que la première personne qui a eu cette idée est M. Reichenback, célèbre ingénieur allemand, qui a publié un ouvrage dans lequel il propose de faire des fermes de ponts au moyen de tuyaux cylindriques en fonte, assemblés bout à bout par leurs collets, comme les anciens tuyaux de conduite d'eau.

M. Wiebeking, célèbre ingénieur bavarois, auteur d'un système très-remarquable de ponts de charpente qui porte son nom (mais dans lequel il paraît avoir poussé trop loin la hardiesse), a aussi proposé, dans un écrit publié en 1812, d'exécuter des fermes de ponts en tuyaux cylindriques en fonte, dont il a supprimé les collets; les tuyaux dont se composent ses arcs sont emboîtés par chacune de leurs extrémités dans des tuyaux intermédiaires plus courts, mais d'un plus grand diamètre, qui forment manchons. Ceux-ci forment les têtes des entretoises qui relient les fermes entre elles, et dont le corps est aussi un tube cylindrique partant du milieu de chaque manchon, comme une tubulure latérale dans les vases de chimie.

La publication de cet écrit est postérieure à celle de l'ouvrage de M. Reichenback; mais, outre qu'il y a une différence notable dans le mode d'assemblage, M. Wiebeking déclare qu'il avait déjà émis cette idée, en 1805, dans son *Architecture hydraulique*, et qu'il en avait donné communication, en 1810, à l'Institut de France.

Un ingénieur français d'un grand mérite, M. Gauthey, avait proposé, en 1805, d'exécuter à Lyon, vis-à-vis l'archevêché, un pont en fonte, composé avec des tuyaux cylindriques à collets retournés d'équerre et traversés par des boulons, comme ceux de M. Reichenback.

Il est difficile de savoir auquel de ces trois ingénieurs appartient la priorité de cette idée, elle est d'ailleurs si naturelle, qu'elle peut fort bien avoir été conçue, simultanément, dans divers pays, par des hommes qui n'avaient réciproquement aucune connaissance de publications déjà faites à l'étranger. Quoi qu'il en soit, aucun de ces projets de fermes en tuyaux n'a été exécuté.

Caractère particulier de ce système.

Il est digne de remarque que les fermes de ce système tiennent, en quelque sorte, le milieu entre les fermes composées de voussoirs et les fermes composées de grandes pièces arquées. En effet, d'une part, les tuyaux partiels s'épaulent par des surfaces assez larges et se trouvent disposés comme les voussoirs en pierre; et, d'autre part, ces tuyaux, étant plus longs que les voussoirs en châssis et étant liés fortement à leurs jonctions, de manière à former des fermes rigides et stables par elles-mêmes, jouissent d'une partie des avantages des arcs formés avec de grandes pièces de bois, et se trouvent dans des conditions qui approchent de celles des fermes en charpente. Néanmoins,

Ses inconvénients.

ces arcs en tuyaux de fonte cylindriques et creux présentent des inconvénients graves sous le rapport des difficultés d'exécution, ainsi que sous celui de la résistance aux effets produits par la dilatation et le retrait et par les vibrations. Parmi les premiers inconvénients, c'est-à-dire ceux qui concernent le fondage, celui qui a le plus d'importance gît dans la difficulté d'éviter dans les pièces creuses d'une certaine longueur, les inégalités d'épaisseur, parce que, même pour des tuyaux droits, il est presque impossible d'empêcher leurs noyaux longs et étroits de se déjeter un peu à la dessiccation et de dévier de la position centrale lorsque l'on coule, et que la fonte rouge descend irrégulièrement contre leurs parois. Or cette difficulté et celle du moulage augmentent encore beaucoup, quand on veut faire des tubes courbes, comme il le faut pour des arcs en fonte; des noyaux courbes sont difficiles à faire et plus difficiles encore à maintenir dans le moule, de manière que leur axe reste en concordance avec l'axe du tube, comme il le faudrait pour donner à ce tube une épaisseur uniforme : il suit de là que ne pouvant compter sur une égalité d'épaisseur suffisante, on serait obligé, pour prévenir le danger des parties faibles, de donner à ces tubes une épaisseur générale supérieure à celle qu'exigeraient des pièces qui ne seraient pas exposées à de telles inégalités, d'où il résulterait une augmentation de poids et de dépenses sans utilité.

Le second inconvénient consiste dans le défaut de concordance entre la forme des tuyaux dont la section est circulaire (proposée par MM. Reichenback, Wiebeking et Gauthey), et la résistance qu'on leur demande. Les arcs des ponts en fonte ont besoin de beaucoup plus de force dans le sens vertical que dans le sens horizontal, d'où il suit qu'en employant des tuyaux ronds, on est obligé de leur donner le diamètre qni est nécessaire pour la résistance aux pressions verticales, et qui est beaucoup trop grand pour la résistance aux pressions latérales, ce qui entraîne encore l'emploi d'un nouvel excédant de fonte inutile. Le seul moyen d'éviter ce second défaut serait de faire des tuyaux de forme ovale, mais alors les difficultés d'exécution et les inconvénients relatifs aux inégalités d'épaisseur, signalés ci-dessus, seraient encore augmentés au point que l'on serait obligé d'y renoncer.

Le troisième inconvénient qui a rapport à l'exécution, est celui des assemblages. Celui des manchons, proposé par M. Wiebeking, est très-ingénieux et bien préférable à l'assemblage par collets boulonnés; mais il faut remarquer qu'à toutes les jonctions de tuyaux, qui sont très-nombreuses, il y a deux épaisseurs superposées et qu'il en résulte l'emploi d'un poids considérable de fonte, sans nécessité, puisque les parties simples, intermédiaires entre les manchons, doivent avoir une force de résistance suffisante. Un autre inconvénient très-grave de ce mode d'assemblage, c'est que l'on ne peut changer une pièce sans démonter une ferme entière.

D'un autre côté, si l'on emploie des tuyaux à collets retournés d'équerre et boulonnés, comme dans les projets de MM. Reichenback et Gauthey, on a à craindre les influences des vibrations, et celles des dilatations et des retraits, qui, toutes, déterminent des efforts plus grands à l'intrados qu'à l'extrados, et d'autant plus dangereux qu'ils agissent perpendiculairement aux surfaces des collets, déjà affaiblis par l'angle de retour qui diminue toujours la force de la fonte, et par les trous des boulons d'assemblage.

Enfin le dernier inconvénient des arcs en tuyaux assemblés bout à bout, c'est que, comme dans tous les ponts composés de voussoirs, la rupture d'un seul voussoir, c'est-à-dire d'un tuyau, entraîne nécessairement la chute d'une ferme au moins, et que l'on ne peut remplacer une pièce défectueuse ou rompue, sans échafauder une ferme entière.

PROJETS DE PONTS EN FER FORGÉ.

Plusieurs projets de ponts en fer forgé ont été présentés à diverses époques, de 1779 à 1796, par des ingénieurs français, MM. Montpetit, Guyton et Aubry, et par M. Racle, habile entrepreneur. M. Gaston Rosnay prit, en 1800, un brevet d'invention pour un système de ponts dans lequel les arcs, les arbalétriers et les lisses d'appui devaient être formés avec de fortes lames de fer redoublées l'une sur l'autre, et serrées par des boulons; pour maintenir ces lames contre les déversements, on aurait appliqué extérieurement des barres de fer croisées et formant dans leur ensemble une sorte de treillis. Enfin un célèbre ingénieur, M. Bruyère, avait proposé, en 1810, d'établir sur la Seine, vis-à-vis le Champ-de-Mars, un pont en fer forgé d'une seule arche, mais destiné seulement aux piétons. Aucun de ces projets n'a été exécuté. Nous ne connaissons de réalisé dans ce genre que le projet composé par M. Bruyère pour traverser la rivière du Croud, au-dessous de Saint-Denis, à son embouchure dans la Seine. Ce pont, construit en

1808, est joli et bien combiné, mais il n'a que 12 mètres d'ouverture, et il ne sert qu'au hallage.

On n'a fait aucun pont en fer forgé de quelque importance en Angleterre, et il n'est pas probable que l'on en exécute dans ce pays, ni dans le nôtre, parce que ce métal est plus flexible, plus cher et plus oxydable que la fonte; qu'il ne peut, à raison de sa valeur intrinsèque et des difficultés de forge, être employé, comme la fonte moulée, avec une assez grande épaisseur, pour procurer de larges portées, avec de forts épaulements, et pour permettre le serrement avec des coins, serrement qui seul peut donner aux arcs des ponts en métal, la tension nécessaire pour leur stabilité.

Une seconde condition de la stabilité des arcs est d'être rigides, afin de résister aux fléchissements et aux déversements latéraux, causes principales de danger dans les fermes en fer ou en fonte. Or, la fonte est encore plus propre que le fer à satisfaire à cette dernière condition; en effet on sait que le fer forgé est beaucoup plus flexible que la fonte, et que sa qualité spéciale résidant dans sa grande cohésion, on doit l'employer de préférence pour résister aux efforts de traction ou d'arrachement, tandis que la force de la fonte consistant dans sa rigidité, son meilleur emploi est celui qui s'oppose aux effets de pression et d'écrasement : donc, pour former des arcs de ponts fixes, qui doivent surtout résister aux pressions, on doit employer le métal le plus rigide, qui est la fonte, plutôt que le fer forgé qui l'est beaucoup moins. Par ces motifs, il serait, à mon avis, aussi peu rationnel de faire des cintres de ponts fixes de grande ouverture, en fer forgé, que de composer des chaînes de ponts suspendus avec des anneaux ou des barres en fonte.

Nous ferons encore remarquer qu'il résulte de l'infériorité du fer forgé, sous le rapport de la rigidité, qu'une pièce de ce métal, soumise à de fortes pressions, comme celles qu'ont à supporter les fermes des ponts fixes, fléchirait beaucoup plus facilement qu'une pièce de fonte de longueur égale et de même épaisseur, en sorte que, pour éviter le danger du déversement des grandes pièces de fer, il faudrait, ou leur donner des épaisseurs plus grandes que celles des pièces de fontes semblables, ce qui, à raison du prix élevé du fer forgé, augmenterait beaucoup les dépenses, ou fortifier ces pièces par des armatures latérales, ou bien encore multiplier beaucoup les entretoises : tous moyens fort dispendieux.

Il suit de là que les ponts de grande dimension et praticables aux voitures, construits en fer forgé, seraient nécessairement moins rigides, moins stables, moins durables, et cependant beaucoup plus chers que des ponts en fonte de même grandeur et de même force, et qu'étant plus flexibles, ils auraient des vibrations plus fortes, et fatigueraient, par conséquent, beaucoup plus.

L'on ne peut guère employer, avec avantage, le fer forgé en cintres que pour des ponts de petite ouverture, ou pour des passerelles de piétons; mais, dans ce dernier cas, les ponts suspendus seront toujours préférables, parce qu'ils rempliront le même but, à meilleur marché.

Observations sur la rareté des ponts en fonte.

Quand on réfléchit aux avantages que présentent les ponts en fonte, on est porté à s'étonner de ce que l'on en ait exécuté si peu en France, et même en Angleterre où l'on a une si grande habitude de l'emploi de la fonte et où elle est à si bon marché. Si l'on compare ces sortes de ponts aux ponts en pierre, on trouve qu'ils sont plus faciles à exécuter et beaucoup moins dispendieux (1), et que, quand ils ont des tabliers en fonte, ils ne doivent leur céder en rien en durée, si même ils ne leur sont supérieurs. En effet, la fonte est plus inaltérable et plus éga-

(1) Le pont du Carrousel proprement dit, sans ses abords, a coûté 830,000 fr., et, avec ses abords, 900,000 fr. Le pont d'Iéna, qui a à très-peu près les mêmes dimensions et qui est construit en pierre de taille, a coûté 2,600,000 fr. sans ses abords. La différence est des $\frac{2}{3}$ de la dépense du pont en pierre. Si le plancher du pont du Carrousel était en fer et fonte, sa durée pourrait être considérée comme au moins égale à celle du pont en pierre : la différence serait alors des $\frac{3}{5}$. Si on le comparait avec un pont semblable et de même dimension, mais dont les massifs seraient en pierre brute avec les têtes et des chaînes seulement en pierre de taille, la différence dans les dépenses serait alors à peu près du simple au double. Ces différences pourront devenir plus grandes à mesure que le prix de la fonte diminuera, tandis que les prix des maçonneries augmentent à raison de l'élévation progressive des prix de la main-d'œuvre, qui entre pour beaucoup dans les frais de leur exécution.

lement résistante que la pierre; elle convient mieux pour les ponts de grande ouverture, parce que le poids d'une arche en fonte étant de beaucoup inférieur à celui d'une arche en pierre de même ouverture, on a moins à craindre l'ébranlement et le renversement des piles et des culées, que l'on peut, par cette raison, exécuter à meilleur marché.

Comparés aux ponts en charpente, les ponts en fonte coûtent moitié environ plus que ceux qui, dans cette catégorie, ont des piles en pierre (1); mais leur durée est indéfinie, et tandis que l'entretien des ponts en charpente est fort coûteux, celui des ponts en fonte est presque nul.

Enfin, la différence entre la dépense des ponts fixes en fonte et celle des ponts suspendus bien exécutés n'est pas aussi considérable qu'on pourrait le croire. (Note **A**).

En cherchant à se rendre compte des motifs qui ont pu empêcher la multiplication de ce genre de ponts en France, et en recueillant toutes les opinions émises par les hommes les plus éclairés, nous trouvons trois causes principales à la défaveur qui s'est opposée jusqu'ici au développement de cet ordre de constructions.

1° La grande cherté de la fotne avant 1830, ainsi que le peu de facilité et de sûreté que l'on trouvait alors dans nos fonderies pour les applications de ce genre.

2° L'élévation du prix des deux seuls ponts en fonte exécutés en

---

(1) Pour connaître la différence des dépenses, il faut comparer le pont du Carrousel avec des ponts en charpente construits récemment sur la Seine dans des conditions semblables et par des compagnies, en tenant compte des différences de dimension et de situation : tels sont les ponts d'Ivry et d'Asnières, dont les arches en charpente sont supportées par des culées et des piles en pierre meulière, avec angles et bandeaux en pierre de taille. — Le pont d'Ivry, composé de 5 arches, a 122^{m} de longueur entre les culées et 9^{m},50 de largeur; il a coûté 421,000 fr. sans ses abords. S'il avait été construit dans l'intérieur de Paris avec 150^{m} de longueur et 12^{m} de largeur comme le pont du Carrousel, il aurait coûté environ 590,000 fr. La dépense du pont du Carrousel, de 830,000 fr. sans ses abords, serait donc supérieure de 240,000 fr., c'est-à-dire d'un peu plus des $\frac{2}{5}$.—Le pont d'Asnières, qui a 150^{m} d'ouverture et 7^{m} seulement de largeur et qui est composé de 7 arches, a coûté 310,000 fr. S'il était construit dans l'intérieur de Paris avec culées et piles en pierre de taille et à 12^{m} de largeur, il coûterait 560,000 fr. En comparant cette dépense à celle du pont du Carrousel, on trouve que l'excédant est d'un peu moins de la moitié. Mais il convient de faire observer que le pont d'Asnières est établi encore plus légèrement que le pont de Bezons construit en 1816 dans le même système, et que celui-ci, malgré de fréquentes réparations, est tellement usé que, depuis quatre ans, il ne se soutient qu'au moyen d'étais placés sous toutes ses arches, qu'on devra reconstruire bientôt.

France, avant cette époque, lesquels, en effet, ont coûté presque autant que des ponts en pierre, savoir : le pont des Arts, 900,000 fr., et le pont d'Austerlitz, deux millions et demi, non compris les abords.

Et 3° les inquiétudes qu'ont fait concevoir les accidents arrivés au pont des Arts, par la surcharge, sur l'une des fermes de tête, d'une foule de personnes qui s'étaient portées d'un seul côté du tablier; et au pont d'Austerlitz, par les nombreuses ruptures dans les voussoirs et dans les tympans déterminées par la seule action du passage des voitures.

Pont d'Austerlitz.

Ces deux ouvrages d'art sont établis d'après deux systèmes tout à fait différents. Dans le pont d'Austerlitz, les arcs et les tympans, composés de voussoirs en châssis, ont tous les inconvénients inhérents à ce système, et que nous avons indiqués précédemment; de plus, ces châssis sont minces, fort découpés, et présentent de grandes inégalités d'épaisseur. Il y a lieu de croire que ces inégalités ont été la cause première des ruptures, parce qu'elles ont déterminé des fissures de retrait (1), insensibles d'abord, mais que les vibrations ont augmentées d'autant plus vite que la fonte est dure et sèche. Nous ferons encore remarquer que toutes les entretoises, qui relient les arcs de deux mètres en deux mètres, sont de simples barres de fonte quarrées, de 7 centimètres, perpendiculaires aux voussoirs.

Pont des Arts.

Le mode de construction du pont des Arts, qui est composé de grands arcs, reliés par des entretoises obliques, est plus rationnel, mais

(1) Lorsqu'une pièce de fonte se refroidit, il se fait un retrait général de la surface extérieure vers le centre de masse. Ce retrait s'opère progressivement, et il est d'autant plus lent que les dimensions de la pièce sont plus fortes : il résulte de là que, quand une pièce présente des inégalités d'épaisseur marquées, la partie mince étant déjà figée et rigide quand le retrait continue à s'opérer dans la partie épaisse encore molle, les molécules de la grosse partie qui avoisinent la petite, étant attirées vers le centre de la première, tendent à se détacher de la seconde; par suite de cette action la fonte comprise entre les deux parties, ayant moins de force de cohésion que celle qui l'avoisine, est plus facile à séparer et déjà prête à se rompre : c'est ce qu'on nomme *fissure de retrait*.

il pèche par la faiblesse des dimensions des arcs principaux, par des surépaisseurs assez fortes pour causer des inégalités de retraits, et surtout, par la retombée des petits arcs intermédiaires, qui portent précisément sur les reins des grands.

Ces divers arcs ayant des dimensions et des courbures différentes, les inégalités d'amplitude et de durée des vibrations qu'ils éprouvent, tendent à produire, par la rencontre des ondulations en sens contraires, des chocs saccadés qui, quand ils se multiplient par des vibrations fortes et prolongées, doivent déterminer des ruptures.

Dans l'un ou l'autre de ces ponts, on a sacrifié la stabilité à la légèreté et à l'élégance, en arrêtant les piles aux naissances des arcs : il en résulte que les vibrations d'une arche se propagent sans amortissement et sans discontinuité dans les arches voisines, et il est aisé de comprendre que quand ces vibrations sont fortes et s'opèrent, à la fois, dans deux sens contraires, comme il arrive souvent, elles doivent occasionner des ruptures dans les parties faibles.

Pont de Southwark.

Le pont de Southwark est composé de voussoirs comme le pont d'Austerlitz, mais ces voussoirs sont pleins et sans découpures, quoiqu'ils aient plus de deux mètres de hauteur, et le système de leurs assemblages est beaucoup meilleur que celui qui a été suivi dans ce dernier pont. La force et la conservation parfaite du pont de Southwark n'ont été obtenues qu'en prodiguant la fonte, et au moyen de frais énormes qui se sont élevés à plus de quinze millions. Il est probable que c'est l'élévation de cette dépense qui a empêché de multiplier les imitations de ce beau monument.

PRINCIPES GÉNÉRAUX POUR LA COMPOSITION DES PONTS EN FONTE.

La conséquence naturelle de ce qui précède est que l'on ne pouvait songer à établir de nouveaux ponts de fonte en France, à moins d'obtenir un nouveau système plus solide que celui des ponts exécutés dans ce pays, et moins dispendieux que celui des ponts anglais.

M'étant proposé d'atteindre ce but, j'ai été conduit, par mes études, à reconnaître qu'il fallait trouver un mode de construction qui satisfît aux conditions suivantes :

1° Prévenir le danger de la fragilité et des fissures de retrait, en évitant, le plus possible, les découpures et les grandes inégalités d'épaisseur dans les fontes ;

2° Donner aux pièces dont se composent les arcs, des portées plus larges que celles des châssis ou des lames simples ;

3° Procurer aux arcs une force propre contre le déversement latéral, pour pouvoir diminuer le nombre et le poids des entretoises ;

4° Éviter les sections totales des arcs par les joints et diminuer, le plus possible, le nombre de leurs subdivisions, sans cependant dépasser les limites que les difficultés du fondage et de la pose mettent à la longueur et au poids des pièces de fonte ;

5° Réduire et amortir, le plus possible, les vibrations ;

6° N'employer que la quantité de métal indispensable pour la solidité du pont ;

7° Enfin assurer la faculté de remplacer les pièces défectueuses ou rompues, facilement, sans danger et sans être obligé de démonter les fermes, ni de rétablir des échafauds de pose.

ÉTUDE D'UN NOUVEAU SYSTÈME.

Telles sont les conditions que j'ai cherché à remplir en étudiant un nouveau système de ponts en fonte et auxquelles je crois avoir satisfait dans l'exécution du pont du Carrousel.

Je proposai à l'administration, en 1830, d'exécuter un pont, d'après ce système, entre le pont Royal et le pont des Arts, ou bien entre le pont Royal et le pont Louis XVI, vis-à-vis la rue Bellechasse : mes propositions ne furent pas admises à cette époque (Note B).

En 1831, on consentit à permettre l'établissement, aux frais et risques de l'industrie privée, d'un pont vis-à-vis le guichet central de la grande galerie du Louvre, dit le guichet de l'Horloge; mais contrairement aux avis du Conseil général des ponts et chaussées et du Directeur général (1) qui avaient déclaré qu'un pont fixe, d'un caractère monumental, pouvait seul convenir pour cet emplacement, le Ministre des travaux publics donna la préférence à un pont suspendu et en ordonna l'adjudication. Heureusement que l'élévation du taux de la soumission ne permit pas d'adjuger. Plus tard, le Ministre ayant admis, sur mes réclamations, le concours d'un pont fixe en fonte, avec le pont suspendu qu'on avait en vue, je présentai le projet exécuté depuis sous le nom de pont du Carrousel, et une soumission pour l'exécution de ce projet fut déposée; lors de l'adjudication, un défaut de formalité l'avait fait rejeter, et la concession avait été prononcée par la Préfecture de la Seine, en faveur du pont suspendu. Mais, après de longues discussions, une ordonnance du Roi, fondée sur un avis motivé du Conseil d'État cassa l'adjudication et accorda la préférence à mon projet sur celui du pont suspendu (Note C).

L'opinion publique applaudit à cette décision, parce que tous les hommes de goût reconnaissaient et disaient hautement qu'un pont suspendu ne pouvait nullement convenir pour un tel emplacement et que, devant la galerie du Louvre, il fallait un pont fixe en pierre ou en fonte, qui eût un caractère assez monumental pour être en harmonie avec les grands édifices qui bordent cette belle partie du bassin de la Seine.

---

(1) M. Bérard.

DEUXIÈME SECTION.

DESCRIPTION DU PONT DU CARROUSEL.

Les conditions imposées par l'adjudication étaient de n'établir que *deux piles* en rivière, condition qui jusque-là n'avait été prescrite pour aucun pont fixe à Paris, de donner une ouverture de 150 mètres entre les culées, une largeur de 12 mètres entre le nu des têtes d'amont et d'aval, une hauteur de 9 mètres 50 centimètres entre l'intrados de la clef de l'arche du milieu et le niveau de l'étiage, et de 8 mètres 25 centimètres sous les clefs des deux arches latérales. De plus, il était expressément défendu *de relever les milieux des chaussées des deux quais.* On avait encore prescrit de fonder sur pilotis et grillage; mais le Conseil des ponts et chaussées consentit à m'affranchir de cette obligation, qui était en opposition avec le progrès de l'art, et me permit de fonder sur des plates-formes en béton (Note D).

DIMENSIONS GÉNÉRALES.

L'ouverture totale du pont, entre les deux culées, est de 151 mètres Chacune des deux piles a 4 mètres d'épaisseur à la base et 3 mètres au-dessus des naissances des arcs. Les trois arches ont la même ouverture, qui est de 47 mètres 67 centimètres, et leurs arcs sont parfaitement égaux; mais la défense, faite par une espèce de rigueur jusque là sans exemple à Paris, d'élever les quais aux abords du pont, ayant obligé d'incliner de 1 mètre les arches latérales, on a été forcé de modifier les fontes des tympans en raison de cette inclinaison.

La même cause m'a mis dans la nécessité d'abaisser les naissances des arches latérales adhérentes aux culées plus que je ne l'aurais désiré, et de plonger celle de la culée droite dans le massif du port Saint-Nicolas.

On pourra aisément la dégager quand on voudra se déterminer à réaliser, pour ce port, une amélioration fort simple, très-peu dispendieuse, et que le commerce réclame depuis vingt ans, savoir : la réduction de la pente du port Saint-Nicolas, qui est beaucoup trop forte, et même sa conversion en une pente inverse, qui serait beaucoup plus commode pour le déchargement des marchandises (1).

Si l'on avait permis de relever les quais d'un demi-mètre de chaque côté, on aurait eu, pour le pont du Carrousel, une pente fort douce et trois arches parfaitement égales, ce qui eût été plus agréable pour l'usage et pour le coup d'œil, et plus favorable pour l'exécution. Le public aura peine à comprendre comment on a pu refuser l'autorisation de relever le quai du Louvre, s'il veut bien observer que ce quai forme, par rapport à la place du Carrousel et aux abords du pont des Arts, deux contre-pentes incommodes et désagréables à l'œil par leur discordance avec le soubassement de la grande galerie du Louvre, tandis qu'il eût été facile de supprimer, ou au moins d'adoucir beaucoup, ces contre-pentes par la même opération qui aurait amélioré les abords du nouveau pont. Ce refus est d'autant plus étonnant que, jusque là, aucun pont n'avait jamais été exécuté à Paris sans qu'on eût autorisé et même prescrit l'exhaussement de ses abords, et que l'on avait accordé précédemment, sans difficulté, au pont des Arts, un exhaussement considérable, qui ne lui était nullement nécessaire, puisque, étant destiné uniquement aux piétons, il pouvait comporter sans inconvénient plusieurs marches à chacune de ses issues sur le quai du Louvre et le quai Conti.

Heureusement le système adopté pour le nouveau pont en a rendu l'exécution possible, en dépit des exigences extraordinaires auxquelles on l'a soumis, et malgré les limites étroites où l'on a enfermé la durée de sa concession. La possibilité de faire ce pont avec de pareilles conditions est résultée de la force du nouveau système, qui a permis de

(1) J'ai fait établir les fondations des nouvelles rampes du port assez bas pour permettre l'abaissement que j'indique, sans autres dépenses que celles du dépavage, du déblai et du repavage.

donner des flèches très modérées aux arcs, malgré leur grande ouverture, et de l'économie qu'il a procurée en réduisant presqu'au minimum la quantité de métal employée.

Le caractère distinctif de ce système consiste principalement dans les dispositions particulières des pièces dont se composent les arcs et les entretoises.

DESCRIPTION GÉNÉRALE
DES ARCS ET DE LEURS ASSEMBLAGES.

La division de ce pont en trois arches, et la hauteur des clefs de ces arches au-dessus du niveau de l'étiage, étant fixées par le cahier des charges, les proportions des cintres ne pouvaient varier que dans des limites fort rapprochées : on était libre, à la vérité, de choisir entre des arcs de cercle et des courbes elliptiques ; mais, quand il s'agit de fontes, les arcs de cercle ont un si grand avantage sous le rapport de la facilité et de l'économie dans l'exécution des modèles de moulage, qu'il n'y avait pas à hésiter ; par le même motif, il convenait de décrire tous les arcs du même rayon.

L'ouverture totale du pont devait être au minimum de 150 mètres ; pour la facilité de quelques subdivisions, je l'ai portée à 151 mètres : ayant fixé l'épaisseur des piles à la retombée de naissance des arcs à 4 mètres, il est resté 143 mètres pour le débouché total des trois arches, ce qui donne 47^{m}.67 pour la corde de chaque arc. La flèche déterminée par la hauteur des arcs à la clef étant de 4^{m}.90, il s'ensuit que la longueur du rayon de l'arc est de 60^{m}.49, et que l'angle que forment les rayons extrêmes passant par les naissances est mesuré par un arc de 46°. 69'. La hauteur de la flèche est un peu supérieure au dixième de la corde, proportion que je considère comme la limite de la prudence dans des ponts de grande ouverture. Le développement de l'arc intrados, étant de 48^{m}.99, n'excède que de 1^{m}.29 la longueur de la corde sous-tendante.

Ces données générales étant fixées, il s'agissait d'établir la forme et les dimensions à donner aux arcs, et c'était là la partie la plus difficile et la plus importante du problème. On peut aisément se garantir contre le danger de la flexion des arcs dans le sens vertical, parce que leur courbure ajoute beaucoup à la force de résistance du métal dans ce sens, et que d'ailleurs il ne s'agit que de donner aux pièces dont on compose ces arcs une hauteur suffisante. La difficulté principale pour ce genre de ponts réside dans le danger de la flexion de côté et du déversement latéral, et l'on comprend aisément que ce danger est d'autant plus grand que l'épaisseur des pièces de fonte dont se composent les arcs est plus faible.

En étudiant les grands ponts en fonte praticables aux voitures, exécutés jusqu'à ce jour en Angleterre et en France, j'avais reconnu que, pour tous ces ponts, l'on avait composé les arcs de plaques d'une grande hauteur et fort minces, soit pleines, comme aux ponts de Southwark et du Wauxhall, soit à jour et en châssis découpés, comme aux ponts de Sunderland et d'Austerlitz. En adoptant cette forme, on a voulu obtenir le maximun de la résistance dans le sens vertical, avec une quantité donnée de métal; mais il est résulté du peu d'épaisseur de ces plaques et châssis une faiblesse d'épaulement et un défaut de stabilité auxquels on n'a pu remédier qu'en fortifiant toutes les fermes entre elles au moyen d'entretoises très fortes ou très nombreuses, en sorte que l'on a perdu de ce côté, en emploi de matière et en frais de pose et d'ajustement, plus qu'on n'a gagné sur l'épaisseur des voussoirs. Frappé de cet inconvénient, j'ai pensé qu'il y aurait avantage à composer les arcs du nouveau pont de manière à leur procurer par eux-mêmes assez de stabilité et de résistance contre les flexions latérales, pour pouvoir diminuer le nombre et le poids des entretoises, qui doivent servir seulement à relier invariablement les fermes entre elles, et non à les fortifier.

J'avais déjà cherché à satisfaire à ces conditions, lorsque je composai le projet du petit pont en fonte que j'ai exécuté en 1831 devant le parc de Maisons-sur-Seine, en formant les voussoirs de ses arcs de doubles lames verticales et parallèles, réunies par un diaphragme transversal (1). J'avais obtenu par là une partie des résultats que je cherchais, mais je n'étais pas encore entièrement satisfait.

Division des arcs dans le sens de leur longueur.

La forme d'arcs en tuyaux ou en tubes se présentait naturellement à l'esprit comme la plus propre à remplir le but que j'avais en vue, mais je fus longtemps arrêté par les difficultés d'exécution dont j'ai parlé plus haut en citant les projets de ponts en tuyaux de plusieurs ingénieurs. Je parvins enfin à les résoudre entièrement en divisant les tubes des arcs dans le sens de leur longueur en deux demi-tubes égaux, au moyen de sections verticales passant par leur axe, en sorte que l'on peut dire que chacun de ces arcs est composé de deux demi-tubes, joints et réunis par leurs côtés concaves. Cette réunion s'opère à l'aide de doubles collets qui forment des côtes saillantes, planes et verticales, l'une au-dessus, et l'autre au-dessous de l'arc. Lorsqu'on approche et réunit les deux demi-tubes destinés à former un arc, leurs collets, qui se joignent et s'appliquent les uns contre les autres, forment deux arêtes saillantes doubles, l'une supérieure et l'autre inférieure, dont chacune est traversée par un rang de boulons (Pl. II, fig. 1, 2, 4 et 14).

Ce mode de division des tubes dans le sens de leur longueur permet de réunir tous les avantages de force et de stabilité qui appartiennent aux pièces de fonte bombées et creuses, sans aucun des inconvénients inhérents à la forme des tuyaux et de toutes les pièces à noyaux.

Le fondage des demi-tubes n'exigeant pas de noyaux, et étant aussi facile que celui des pièces planes, j'étais libre de donner à mes arcs telle forme que je désirais; en conséquence, j'adoptai la forme ovale, parce que la résistance dans le sens vertical devait être plus grande que la résistance dans le sens transversal.

Mes études sur les ponts existants et mes calculs m'ont déterminé à

(1) Ce pont a été mon premier essai d'amélioration dans la composition des ponts en fonte. J'avais déjà cherché, en étudiant ce projet, à augmenter la largeur de la portée et les épaulements des voussoirs, et pour cela j'avais formé les sections d'arcs de prismes rectangulaires qui s'assemblaient par une pénétration de tenons. Ce pont est décrit dans un mémoire publié en 1829 chez Carilian-Gœury, quai des Augustins.

donner aux arcs bombés à section ovale, 66 centimètres de diamètre vertical extérieur, et 42 centimètres de diamètre horizontal, avec une épaisseur de 32 à 35 millimètres.

En ajoutant au diamètre vertical la hauteur des collets de jonction qui forment deux côtes de renfort, on a pour les arcs une hauteur totale de 85 centimètres.

Le développement de l'arc intrados est de $48^{m}99$, et celui de l'arc extrados de $49^{m}.66$; d'où il résulte que l'excédant de développement de l'extrados sur l'intrados est de $0^{m}.70$.

Divisions transversales.

Bien qu'il soit beaucoup plus facile de fondre un demi-tube qu'un tube entier, on n'aurait pas encore pu couler d'une seule pièce une des moitiés d'un arc entier; en conséquence, je subdivisai chacune de ces moitiés d'arc en parties de longueur modérée, faciles à fondre et à manier, mais en ayant soin de répartir les sections de manière que chaque joint de réunion des demi-tubes dont se compose l'une des faces d'un arc corresponde toujours au milieu de l'intervalle compris entre deux joints consécutifs des demi-tubes de la face opposée; d'où il suit qu'aucun joint ne pénètre au delà du milieu d'un arc, et que les joints que présente une de ces faces, se croisent et alternent régulièrement avec les joints de l'autre face (Pl. 11, fig. 1, 2, 14 et 18, et pl. 7, fig. 1re).

Il était nécessaire de donner une dénomination spéciale aux subdivisions dont on vient de parler pour les indiquer au besoin par un mot; on ne pouvait les nommer voussoirs, parce que, bien que leurs joints tendent au centre de l'arc, ces joints ne se correspondant pas dans les deux demi-tubes jointifs, il n'en résulte jamais de sections complètes de l'arc entier, comme celles que produisent les joints des voussoirs proprement dits. Pour établir une distinction, j'ai nommé *segments* les parties composantes de chaque demi-tube, ou arc partiel. Je ferai seulement observer que ce terme doit être pris ici dans son sens naturel et étymologique, qui s'applique bien à une coupure d'arc ou de portion d'arc, et non dans l'acception géométrique, qui embrasse avec une portion de l'arc la surface comprise entre elle et sa corde.

CARACTÈRE SPÉCIAL DU NOUVEAU SYSTÈME.

Le caractère spécial du nouveau pont réside principalement, comme nous l'avons déjà dit, dans la composition de nos arcs et dans la combinaison de leurs sections longitudinales et transversales, que l'on vient d'expliquer. Ces dispositions et ces combinaisons produisent, comme conséquences directes, des avantages particuliers à ce système : les uns ont rapport à la force des cintres, à leur stabilité et à leur conservation; les autres à la facilité et à l'économie d'exécution et de réparation. Nous allons indiquer sommairement les uns et les autres.

Ses avantages.

1° La forme bombée et elliptique de nos arcs procure une largeur de portées, une simplicité d'assemblage et une résistance contre les flexions et les déversements, qui ne peuvent exister au même degré dans les voussoirs en lames plates ou en simples châssis, et par là elle permet de réduire de beaucoup le nombre et le poids des entretoises (1).

2° Les pièces ouvertes et unies, comme le sont nos segments, sont faciles à fondre avec l'égalité d'épaisseur très difficile à obtenir dans les pièces à noyaux droites, et impossible dans les pièces courbes.

3° Le succès des opérations du moulage et du fondage est plus assuré pour nos segments en demi-tubes qu'il ne peut l'être pour des pièces d'une autre forme et même pour celles qui sont plates, attendu que des pièces bombées résistent mieux que ces dernières, aux contractions qui tendent à les faire voiler dans le refroidissement.

4° Le glissement de nos segments sur leurs joints est impossible, parce que les extrémités des deux segments contigus, et dont le rap-

(1) La stabilité et la force propre, qui résultent de la forme de nos arcs et du mode de division et d'assemblage des segments dont ils se composent, sont telles que le poids des entretoises employées au pont du Carrousel pour relier ensemble les fermes d'une arche et pour parer au danger des flexions transversales et aux déversements latéraux, n'est pas le dixième du poids total des fontes de cette arche, tandis que, dans les ponts exécutés précédemment, ce rapport est au moins du cinquième, comme, par exemple, au pont d'Austerlitz où les entretoises sont nombreuses mais trop faibles; et de plus du quart pour d'autres ponts plus forts, comme celui de Southwark.

prochement forme un joint de demi-tube d'arc, sont fixées contre le milieu plein du segment opposé de l'autre moitié du même arc. Il résulte encore de cette heureuse disposition que les joints ne pénétrant jamais plus de la moitié de l'épaisseur de l'arc entier, il n'y a, nulle part, section totale, en sorte qu'un joint ne pourrait s'ouvrir qu'autant que le segment correspondant de l'autre moitié de l'arc romprait par son milieu; d'où il suit que l'on peut dire, avec vérité, que la résistance des arcs ainsi composés approche, le plus possible, de celle que pourrait avoir un arc d'une seule pièce.

5° Chaque subdivision n'ayant que la moitié de l'épaisseur du tube de l'arc, on peut, avec une quantité déterminée de fonte, couler des pièces d'une longueur double de celle que l'on pourrait donner à une section du tube entier, avec la même quantité de métal, et, par conséquent, diminuer de moitié le nombre des joints dans la longueur de l'arc.

6° Le croisement des joints des segments d'un demi-tube ou d'une moitié d'arc, avec les joints des segments de la moitié opposée, permet de remplacer très aisément, et en très peu de temps, un segment dans lequel on reconnaîtrait un vice ou un accident : en effet, il suffit d'ôter et de replacer ensuite les boulons qui traversent ses deux collets, et cela sans qu'il soit besoin d'échafauder ni de prendre d'autre précaution que d'interrompre momentanément le passage des voitures sur le pont, parce qu'il reste à l'endroit où l'on a enlevé un segment de l'une des moitiés d'un arc, l'autre moitié intacte du même arc, laquelle a toujours une force suffisante pour soutenir la ferme à laquelle elle appartient et le plancher qu'elle supporte.

7° Enfin les collets supérieurs et inférieurs des segments, qui contribuent à rendre leur mise en place et leur remplacement si faciles et si prompts, procurent, en outre, par les doubles côtes de renfort qu'ils forment au-dessus et au-dessous des parties bombées des arcs, une augmentation de résistance considérable dans le sens vertical.

Importance de la tension des arcs.

Ces avantages, bien qu'importants et très réels, ne donnaient pas encore des garanties assez complètes pour assurer la stabilité de nos arcs : en effet, la simple juxta-position des segments en demi-tubes les uns contre les autres, avec quelque précision qu'elle fût exécutée, ne suffisait pas pour donner à ces arcs la force et la rigidité qui sont indispensables dans les fermes en métal; il fallait encore pouvoir faire serrer ces segments les uns contre les autres, suffisamment pour assurer une portée complète et prévenir tout mouvement dans leur assemblage. L'examen dn pont de Southwark m'avait appris que la stabilité et la parfaite conservation de ce bel ouvrage étaient dues surtout à la tension et au serrement complet de toutes les pièces au moyen de l'emploi des coins, tandis que l'on ne peut obtenir ni serrement ni tension quand on se borne, comme dans le pont d'Austerlitz, à assembler les pièces avec des boulons.

Cales des joints.

J'avais d'abord eu l'intention de faire entrer dans les joints des segments des arcs, pour les caler et pour assurer l'appui de leurs épaulements les uns contre les autres, de fortes lames de fer, légèrement cunéiformes, qui, après le serrement, y auraient été goupillées; mais, sentant que ce mode était incomplet, et n'ayant encore que peu d'expérience dans l'exécution des ouvrages en fonte, je consultai à ce sujet les deux hommes qui me parurent à la fois les plus instruits et les plus expérimentés dans ce genre de travaux, M. Edwards, ingénieur de la fonderie de Chaillot, et M. Emile Martin, ingénieur et directeur de la fonderie de Fourchambaut. Ce dernier ingénieur, l'un des hommes les plus habiles dans l'art de préparer et d'employer les fontes, m'avait offert de se charger de l'exécution de toutes les fontes de mon pont, dont il avait entièrement approuvé le système.

M. Edwards me fit observer que l'on ne pouvait obtenir un fort serrement ni une précision suffisante dans les ajustements des ouvrages en métal, lorsque les surfaces de jonction et celles de coinçage avaient trop d'étendue, et qu'il fallait établir des *portées* de peu de largeur, et y placer des coins étroits, comme on le fait à la plupart des mécanismes en fer et en fonte. En conséquence, il proposa de former, dans les faces de jonction des segments, des entailles également distantes qui se correspondraient parfaitement dans les deux tranches contiguës, et de placer, dans ces entailles, des coins perpendiculaires à la surface de l'arc.

M. Emile Martin, tout en se dirigeant d'après le même principe, a adopté une autre disposition pour le placement des coins. Cet ingénieur, malgré la confiance que l'examen attentif et l'étude de mon système lui avaient inspirée, sentant mieux que personne l'importance et la difficulté de réaliser sur une si grande échelle une série d'applications si nouvelles, voulut expérimenter préalablement les procédés de fondage et les moyens d'exécution qu'il aurait à employer. Les nombreuses difficultés élevées contre l'établissement de mon pont l'ayant fait retarder d'un an, M. Emile Martin profita de ce laps de temps et d'une occasion qui se présenta pour exécuter, sur une échelle moindre, une petite arche en fonte de mon système, en suivant, proportionnellement aux différences d'ouverture, les dispositions et les dimensions des pièces qui devaient composer et qui composent aujourd'hui les arches du pont du Carrousel.

Le pont d'essai de M. Emile Martin n'est appuyé que sur deux fermes seulement, et a 18 mètres d'ouverture, il a été placé sur la rivière de l'Arau, près de Vandenesse, dans le département de la Nièvre, à huit lieues à l'est de Nevers; il est établi sur les anciennes culées, simplement réparées, d'un vieux pont qui s'était écroulé. On l'a, du reste, soumis à de fortes épreuves et il n'a éprouvé aucune altération depuis qu'il est livré.

M. Emile Martin a fait serrer les segments des arcs de ce petit pont, au moyen de cales en fer enfoncées dans trois logements, dont deux verticaux QQ (Pl. II, fig. 7) sont placés dans les collets, tandis que l'autre X, horizontal et placé au milieu de la hauteur du joint, est perpendiculaire au bombement de l'arc.

La disposition des cales placées verticalement me parut bien préférable aux cales perpendiculaires à la surface des voussoirs et aux joints, parce que, dans *cette dernière disposition*, les portées des cales ne peuvent se faire que sur l'épaisseur du voussoir; il y a moins de serrement et beaucoup plus de danger de faire éclater la fonte. Par ce motif, je donnai la préférence aux cales verticales placées dans la direction des joints, et j'en fis placer trois par joint; les deux premières CE (Fig. 1, 2 et 3, pl. II) furent logées dans des encastrements taillés au burin dans les collets supérieurs et inférieurs, comme ceux du pont de Vandenesse, et la troisième D, au milieu du renflement de l'arc, dans un logement également vertical, qui fut fortifié et recouvert par un boulon saillant K, disposé en forme d'ornement.

Tympans. Les tympans, c'est-à-dire les espaces compris entre les arcs et le plancher, sont garnis d'une série d'anneaux semblables à ceux qui ont été employés au même usage dans les ponts de Sunderland et de Staines, en Angleterre; mais au lieu d'être simples, comme ceux de ces ponts, les anneaux du pont du Carrousel sont composés (comme les anneaux du petit pont en fonte que j'avais fait exécuter à Maisons, en 1821), de deux lames circulaires RR (fig. 5 et 14), réunies par un diaphragme S, aussi en fonte, de la même épaisseur qu'elles, et qui leur est perpendiculaire.

Les doubles lames de ces anneaux embrassent entre elles la saillie des collets supérieurs des arcs, et s'appuient sur des épaulements établis de chaque côté de ces collets (Pl. III, fig. 5 et 14).

J'ai choisi des anneaux pour intermédiaires entre les arcs et le plancher, d'abord, parce que la forme circulaire est à la fois la plus parfaite et la plus également résistante, celle qui pour un développement donné emploie le moins de matière, et surtout parce que des anneaux de métal ont une élasticité douce parfaitement convenable pour les fonctions à remplir par les pièces de tympans. Seulement, pour empêcher une trop grande extension dans les flexions et les vibrations de ces anneaux, on leur a donné des points d'appui latéraux qui font qu'ils se contre-buttent réciproquement, et que les vibrations s'amortissent doucement en se propageant dans les anneaux voisins de celui qui éprouve la plus forte pression.

Les anneaux des tympans n'ont aucune adhérence avec les arcs ni avec les longerons du plancher, en sorte que, quelles que soient les différences inévitables dans les vibrations des parties composantes d'une ferme ainsi que dans leurs dilatations et dans leur retrait, on n'a à craindre aucune rupture, tandis que, lorsque les tympans sont liés fixement avec les arcs, les différences dont on vient de parler causent des efforts en sens contraire et des secousses qui causent souvent des dégradations et des ruptures.

Les anneaux de tympans du pont du Carrousel décroissent de diamètre depuis 4 mètres jusqu'à 30 centimètres à mesure qu'ils approchent de la clef, mais ils ne sont pas contigus comme ceux des ponts anglais, parce qu'il en résulterait l'emploi de plus de fonte que n'en exige la solidité du pont. En effet, les anneaux de tympans étant destinés uniquement à supporter les poutres ou *longerons* du plancher, il n'y a pas de motifs pour rapprocher davantage les points d'appui vers le sommet de l'arc, que vers sa naissance; c'est cependant ce qui arrive quand les anneaux décroissants sont tous tangents entre eux. Pour éviter cet inconvénient et l'emploi d'une masse de fonte inutile, j'ai séparé les anneaux par des liens dont la longueur augmente à mesure que les diamètres des anneaux diminuent, de manière à établir des distances à peu près égales entre les points d'appui du plancher sur les anneaux.

CONSTRUCTION DU PONT.

Culées et piles. Le système général des fermes et des assemblages des fontes étant arrêté, comme on vient de l'indiquer, on s'est occupé de l'établissement des culées et des piles : les unes et les autres ont été fondées sur des massifs de béton, ceux des culées ont été établis à 1 mètre au-dessous du niveau de l'étiage, et ceux des piles coulés dans des enceintes ou crèches, en pieux et palplanches, descendent à un demi-mètre en contre-bas du lit de la rivière. Cette profondeur a paru suffisante, attendu que, dans ce bassin, le lit est entièrement composé de gravier ferme et homogène. L'on ne peut d'ailleurs y craindre aucun affouillement, parce que le Pont-Royal, dont le débouché est moindre que celui du pont du Carrousel, et qui est muni de très forts enrochements, forme retenue, en sorte qu'il faudrait que ces enrochements fussent enlevés et que le pont lui-même fût exposé à être emporté, avant que le lit du fleuve éprouvât un abaissement d'un demi-mètre au pont du Carrousel, et même, dans ce cas, il serait encore loin d'être compromis, parce que ses fondations sont garanties par les crèches qui les enveloppent entièrement et qui descendent à 2 mètres au-dessous du lit du fleuve.

Quant aux affouillements déterminés par les remous qu'occasionnent les piles dans le courant, ils ne sont nullement à craindre avec des arches d'une aussi grande ouverture. Ces remous, n'ayant pas même la force nécessaire pour emporter du caillou, ne peuvent entraîner que le sable, et n'ont jamais creusé de plus de 40 centimètres à l'amont et à l'aval des piles; aussi un simple enrochement en moellons sur un demi- mètre de hauteur a-t-il suffi pour prévenir entièrement ces affouillements (1).

Les massifs de béton des culées AAA (Fig. 1, pl. III), ont été faits en pierre calcaire et chaux hydraulique de la fabrique d'Issy, sur 1 mètre d'épaisseur. Ceux des piles sont en pierre meulière avec chaux hydraulique et pouzzolane de la même fabrique.

Les fondations ont été montées en béton jusqu'au niveau de l'étiage; leur hauteur est de 3 mètres à la pile gauche et de 4 mètres à la pile droite; le béton a été descendu avec des moulinets mobiles dans des coffres en trémie, suspendus par des tourillons, et que l'on faisait basculer au fond de l'eau au moyen d'une corde attachée au bas des coffres. Pour prévenir les vessies de molles (2) qui se logent souvent dans

(1) L'évidence de ces considérations a déterminé M. Legrand, directeur général des ponts et chaussées, à dispenser la compagnie d'établir des enrochements excessifs qu'on voulait lui imposer sans aucune utilité et qui n'auraient servi qu'à contrarier le cours du fleuve, à gêner la navigation et même à lui créer des dangers.

(2) Ces molles se forment par le lavage et le délaiement des parties de chaux mal cuites, lesquelles n'ayant pas de prise restent à l'état de pâte fluide; quand on n'a pas soin de les faire

les grands massifs de béton encaissés et qui sont fort dangereuses, on a eu soin de donner constamment de la pente aux couches de béton, et, chaque matin, on enlevait les molles réunies au bas de la pente. On a posé les libages et les premières assises aussitôt après l'achèvement des massifs de béton, pour qu'ils pussent se tasser sans se désunir, pendant qu'ils étaient encore un peu flexibles.

Un sujet d'inquiétude assez grave était l'effet, inconnu et difficile à apprécier, que les vibrations des arcs de fonte d'une aussi grande ouverture, aussi légers et aussi surbaissés, pouvaient produire sur les maçonneries des piles et des culées, lors du passage des voitures. Je craignais que cette action constante ne déterminât des disjonctions dans les pierres des maçonneries, et ne fît glisser les assises. Pour prévenir ces dangers, j'ai évité de faire des assises générales, j'ai coupé les joints horizontaux en disposant dans l'intérieur des culées deux rangs de redents formés par des pierres de champ A (Fig. 1, planche III) dont chacune comprend deux assises et qui sont disposées en escaliers, et j'ai fait placer dans l'intérieur du massif de grands et forts libages BB de champ, vis-à-vis les retombées de chaque arc, pour étendre la pression sur de plus grandes surfaces; enfin j'ai relié les pierres de taille des assises, qui reçoivent les retombées des arcs, entre elles et avec celles qui les avoisinent, au moyen de bonnes briques posées à plat et encastrées de moitié de leur épaisseur dans chaque face des deux pierres superposées, CC (Fig. 1 et 2).

J'ai cherché aussi à donner une forte liaison aux matériaux dont les piles sont composées; pour cela, j'ai fait relier les parois opposées de leurs crèches par des tirants en fer noyés dans les massifs de béton. Leurs maçonneries ont été également reliées par des tirants en fer placés vis-à-vis les appuis des premiers liens des tympans, dont les boulons sont agrafés aux têtes de ces tirants. J'ai coupé les assises des maçon-

---

enlever, elles restent interposées entre les lits de béton, sans qu'on s'en aperçoive, parce qu'ainsi enveloppées, elles peuvent supporter une charge modérée, mais lorsque la pression augmente, elles fuient, et par là déterminent des tassements dangereux.

neries par des pierres de champ D et par des noyaux en béton E (comme on le voit dans la fig. 2 de la planche IV), et j'ai aussi relié les coussinets des retombées de naissance par des briques encastrées dans les joints des assises, comme pour les culées (1).

Ces dispositions ont complétement atteint le but proposé, car depuis quatre ans que ce pont est terminé, il ne s'est manifesté aucune disjonction dans les assises des culées, ni même dans celles des piles; cependant, il est certain qu'elles participent à toutes les vibrations des arches. Cette preuve résulte de l'observation des effets produits par le passage d'une seule voiture sur le pont, car alors les vibrations déterminées dans une arche par ce passage, se transmettent d'une arche à l'autre jusqu'aux culées, qui, seules, les amortissent et les arrêtent.

Échafauds de pose des arcs.

Les piles étant beaucoup trop légères pour résister seules à la poussée d'arches en fonte d'une aussi grande ouverture et aussi surbaissées, il y avait obligation de poser les trois arches en même temps, et par conséquent de les échafauder toutes trois à la fois, en prenant deux points d'appui seulement dans chaque arche sur des palées. Ces échafauds

(1) Les fondations et les maçonneries des culées et des piles ont éte exécutées avec infiniment de soins et avec beaucoup d'activité par M. Victor Lemaire, pour le côté droit, et par M. Colin, pour le côté gauche. Le bétonnage de la culée et de la pile droite a été surtout remarquable sous le rapport de l'ordonnance du travail et de la célérité. Le magasin à chaux était placé entre les piles et les culées, sous un pont de service très léger sur chevalet, qui conduisait du quai à la pile, en sorte que les voitures arrivant sur ce pont versaient directement leur charge par une trappe du plancher. Deux bassins d'extinction, placés de chaque côté du magasin, recevaient la chaux directement et alternativement par des trappes latérales, et ils étaient aussi abrités contre la pluie par le plancher du pont. Des plates-formes de trituration étaient placées de chaque côté du pont, à droite et à gauche du bassin d'extinction. Les sables et les pierres étaient approvisionnés en rangs au-dessus des plates-formes, et le béton fabriqué se déposait en tas au-dessous. Il est résulté de cette excellente disposition, que la fabrication était continue, et qu'il n'y a jamais eu aucune fausse manœuvre, aucune perte de temps, ni aucune confusion, et que le service était à la fois rapide et économique, ce qui est un mérite de premier ordre dans ce genre de travaux. L'organisation de cet atelier était d'autant plus remarquable, que c'était le début de l'entrepreneur (M. Lemaire) dans ce genre de travaux. Le massif de béton qui forme la base de la pile droite et qui a 4 mètres de hauteur, a été fabriqué et coulé en sept jours.

étant considérables, je cherchai à simplifier le mode d'exécution sans diminuer la résistance. Pour y parvenir, au lieu d'établir des fermes retroussées, formées de pièces de bois butantes par leurs extrémités et fortement moisées, comme celles que l'on emploie dans le système de cintres généralement suivi, système cher et qui n'est cependant pas entièrement inflexible, je formai mes échafauds de grandes pièces de sapin disposées de manière à former une série de triangles tout à fait invariables (Fig. 1 et 2, planche IV). Ces pièces simplement embrevées et boulonnées partout où elles se croisaient, étant fort peu altérées, peuvent resservir facilement dans d'autres travaux. Ces échafauds ont porté la charge entière des fontes, avant leur assemblage, sans fléchir en aucun point, ils étaient donc assez forts et assez rigides. Ils ont coûté 48,000 francs, y compris les frais d'enlèvement de la charpente et des palées, mais déduction faite de la valeur du bois de reprise.

Je pense que l'on ne pourrait, sans danger, établir des échafauds plus légers pour des arcs semblables, surtout si l'on composait ces arcs uniquement en fonte, sans âmes en bois, parce que les échafauds étant chargés inégalement par les fontes jusqu'à l'achèvement des assemblages des fermes et des calages, il est indispensable de leur donner une force et une inflexibilité au moins égales à celles des échafauds du pont du Carrousel; mais je me crois fondé à penser, d'après l'expérience du levage des fermes de ce pont, que, lorsque l'on établira, comme je l'ai fait, des arcs en bois dans l'intérieur des arcs en fonte, on pourra employer des échafauds beaucoup plus légers, et même se borner à des échafauds volants, comme je l'expliquerai plus loin.

L'innovation dont je viens de parler et qui est particulière à mon système, savoir, l'alliance de la fonte et du bois dans les arcs des fermes, ayant été l'objet de critiques et d'objections diverses, je dois expliquer ici les motifs qui me l'ont fait adopter. Je commencerai par en donner une description.

Arcs ou âmes en bois.

Les arcs ou âmes en bois, logés dans l'intérieur des cylindres en fonte, comme on les voit représentés dans les fig. 1, 2, 4 et 14 de la planche II, sont composés de neuf grandes planches ou feuilles de pin du Nord, de longueurs variables entre 10 et 20 mètres, pour faire croiser les joints à peu près régulièrement, et de 55 millimètres d'épaisseur chacune. Ces feuilles sont bitumées sur toutes les faces et posées à plat l'une sur l'autre : la flexibilité due à leur peu d'épaisseur permet de leur faire prendre, avec la plus grande facilité, la courbure déterminée par des solives posées en travers sur les fermes de l'échafaud, suivant les ordonnées de l'épure, et il suffit alors de les fixer de distance en distance avec de grands clous d'épingles; elles sont ensuite serrées fortement par des boulons qui les traversent toutes et qui serrent sur des platines en fer. La pression fait refluer le bitume dans tous les vides, en sorte qu'il y a adhérence complète des feuilles entre elles. Chaque joint vertical de réunion de deux planches placées bout à bout pour former un feuillet général n'étant jamais que la neuvième partie de l'épaisseur entière, les arcs ainsi formés ont au moins autant de force qu'un arc en bois de mêmes dimensions et qui serait d'une seule pièce. Au moins est-il certain que leur résistance est plus uniforme et plus égale qu'elle ne pourrait l'être dans une pièce unique; en effet, en supposant, contre toute vraisemblance, que l'on trouve une pièce de bois suffisante pour faire un arc d'une seule pièce, on ne pourrait jamais lui faire prendre une courbure régulière qu'avec de très grands efforts et en s'exposant à la rompre, et quand bien même on y parviendrait, ses fibres étant tendues irrégulièrement, cette pièce tendrait toujours à se déformer. En outre, les pièces de bois de grandes dimensions renferment toujours des nœuds et des vices ou des parties faibles qu'on ne peut voir, tandis que dans des arcs composés de feuilles minces superposées, on est certain de la qualité du bois, les courbes s'exécutent avec la plus grande facilité, et comme toutes les fibres ont à très peu près la même tension, il n'y a aucun effort qui tende à la déformation (1).

(1) M. le colonel du génie Emy, très habile constructeur, a fait exécuter de grandes fermes en charpente pour des manéges, avec des arcs formés en feuillets. Je ne connaissais nullement ces travaux, lorsque je m'occupai, en 1830, d'une étude de ponts en charpente composés d'arcs

On eût pu former les âmes en bois avec des feuilles verticales, mais il aurait fallu les découper et trancher les fils pour leur donner la courbure de l'arc; d'ailleurs ces âmes sont destinées principalement à fortifier les arcs dans le sens transversal, et ils ont bien plus de puissance pour ce genre de résistance quand les feuilles sont à plat, que quand elles sont placées de champ.

Ces grands arcs en charpente présentaient, malgré leur faible épaisseur, une telle apparence de force, que plusieurs ingénieurs expérimentés m'ont dit, en les voyant, qu'ils étaient persuadés, comme je l'étais moi-même, que, convenablement moisés et reliés entre eux, ils suffiraient seuls pour porter le plancher et la chaussée du pont. Il y a donc là une force réelle et fort importante, ajoutée à la force propre des fontes, dont ces arcs ont ensuite été revêtus.

Utilité de ces âmes.

Ces âmes en bois ont rendu plusieurs services différents que je vais expliquer.

Le premier a été de faciliter beaucoup la pose des fontes. Cet avantage est résulté de ce que les axes des âmes étant exactement les mêmes que ceux des arcs en fonte, et leur calibre extérieur étant à très-peu près égal au calibre intérieur des demi-cylindres dont se composent leurs subdivisions, il a suffi, pour les poser, d'appliquer ces demi-cylindres de part et d'autre des âmes en bois, et de les réunir par des boulons traversant leurs collets supérieurs et inférieurs.

Ce revêtement terminé, les âmes ont rendu un second service en supportant elles-mêmes parfaitement les arcs de fonte, indépendamment des échafauds, en sorte que s'il était arrivé quelque accident à ces derniers, rien n'eût été compromis. Il faut remarquer en outre que ce service ne s'est pas borné au temps de la pose, car les âmes ont continué et continuent encore à faire fonction d'échafauds intérieurs per-

---

qui étaient formés de feuillets superposés, reliés et fortifiés par des armatures de fer disposées en triangles, qui en augmentent la rigidité et qui permettraient de faire des arches d'une très-grande ouverture.

manents et invisibles, en sorte que si, après l'enlèvement des échafauds de pose, pendant les épreuves, ou depuis, il s'était manifesté quelque rupture dans les voussoirs, on aurait pu, comme on le pourra toujours par la suite, y remédier et les remplacer sans échafauds, et avec la plus grande facilité. Je dois ajouter que c'est surtout cette garantie si précieuse qui m'a donné la confiance d'exécuter de prime-abord, sur une aussi grande échelle, ce nouveau système dans des conditions aussi rigoureuses.

J'ai parlé tout à l'heure de la résistance des arcs en bois, mais il faut remarquer que la force de résistance additionnelle qu'ils procurent aux arcs en fonte, est supérieure à leur force propre; en effet les vides qui restent entre les faces intérieures des voussoirs et les bois étant remplis complétement en bitume coulé à chaud, il y a adhérence de tous les points des surfaces extérieures des bois et des surfaces intérieures des fontes: or cette adhérence ajoute beaucoup à la somme des résistances particulières du bois et des fontes rendus par leur jonction tout à fait solidaires. La résistance totale des deux pièces unies s'accroît surtout par la différence qui existe dans la manière dont les fontes et les bois se comportent sous les charges ou sous les chocs qui tendent à les rompre. On sait que les pièces de fonte se divisent, après une légère flexion, par de simples sections brusques et transversales peu écartées du point de flexion; tandis que les bois, et particulièrement les bois résineux, ne peuvent, à raison de leur élasticité, se rompre qu'après avoir pris une courbure beaucoup plus prononcée, et que leur rupture se fait par arrachement irrégulier des fibres, sur une assez grande longueur. Si donc on charge à l'excès un cylindre creux en fonte, rempli exactement par un cylindre en bois plein, la fonte ne pourra prendre la flexion qui précède immédiatement sa rupture, sans faire fléchir le bois intérieur de la même manière; mais celui-ci, opposant sa force élastique et de ressort à la pression qu'il reçoit de la fonte dans son milieu, résiste à la flexion du métal, et par là arrête et retarde sa rupture. D'un autre côté, la fonte, fortifiée par la résistance nerveuse du bois, est moins prompte à céder. Au moins, est-il certain que, pour produire cet effet, il faut une puissance plus grande que celle qui serait nécessaire pour casser en deux seulement le même cylindre de fonte isolé et vide.

J'ai fait quelques expériences pour reconnaître la manière de se comporter de divers bois et des fontes sous des charges augmentées progressivement jusqu'à la rupture, ainsi que pour me rendre compte des effets que je viens de chercher à expliquer. On en trouvera la description dans la note **E**, à la suite de ce mémoire. Je n'ai pu réaliser que sur des tubes de petite dimension les expériences relatives aux cylindres remplis de bois, et ces épreuves ont été trop peu nombreuses pour permettre d'en déduire des données exactes sur les rapports des résistances; cependant elles ont suffi pour me convaincre que l'alliance du fer et du bois ainsi employés, produit une augmentation de force très-réelle. On comprend d'ailleurs facilement qu'indépendamment de la résistance additionnelle des bois insérés dans les cylindres de fonte, du moment que le fer et la fonte sont liés, au moyen du bitume, par tous les points des surfaces contiguës, le bois, qui, de sa nature, est trop flexible, se trouve fortifié par la rigidité de la fonte, et qu'en même temps, son élasticité vient au secours du métal qui n'en a point assez, et remédie à sa sécheresse et à sa fragilité. Il est à désirer que l'on puisse faire une série d'expériences en grand, pour constater les rapports des accroissements de résistance que l'on peut obtenir par l'alliance du bois avec des pièces de fonte de formes diverses et de dimensions variées, en les rendant parfaitement solidaires.

A ces motifs, déjà suffisants pour me faire adopter l'alliance du bois et des fontes, alliance que je considère comme féconde pour les arts, il faut en ajouter un qui a contribué aussi puissamment à m'y déterminer : c'est qu'il importait beaucoup pour des arcs en fonte d'une aussi grande dimension, de diminuer le plus possible leurs vibrations. Or il est bien connu que des cylindres pleins ont plus de stabilité et vibrent moins que des cylindres creux : je devais donc chercher à remplir les vides de mes arcs en fonte, et il est évident qu'il valait mieux les remplir avec des bois à la fois légers, nerveux, et propres à ajouter à la force des fontes et à adoucir leurs vibrations, sans augmenter trop sensiblement la charge, qu'avec des matières inertes et plus lourdes, sans élasticité et sans résistance propre, telles que du sable, du mortier, du plâtre, ou du béton.

Je suis fermement persuadé que le secours des arcs en bois n'est nullement nécessaire pour la conservation des arcs du pont du Carrousel, que les fontes seules suffisent pour résister à toutes les épreuves, et que, seules, elles ont encore une force bien supérieure aux conditions de stabilité; mais il n'en est pas moins vrai que, pour les arches de grande ouverture, il est convenable de mettre des âmes en bois dans les arcs, pour se mettre plus sûrement au-dessus de toutes les chances, et surtout pour permettre d'éviter la nécessité d'échafauder, si l'on avait, après l'exécution, besoin de changer quelque pièce importante. On peut se dispenser des âmes en bois pour les petits ponts, cependant cette économie étant de peu d'importance, il vaut mieux, puisqu'il faut toujours remplir les arcs, les garnir en bois qu'en toute autre matière.

Quelques personnes, tout en reconnaissant l'utilité des âmes en bois en première exécution, ont émis l'opinion que les avantages qu'elles procurent ne peuvent être que temporaires et de peu de durée, parce qu'elles pensent que les bois ainsi enveloppés de bitume, doivent être attaqués par la fermentation causée par l'échauffement des fontes en été, et promptement consommés. Cette opinion serait bien fondée si les bois employés étaient humides ou encore pénétrés de séve, ou bien si les vides entre les bois et les fontes n'étaient pas bien remplis; mais les bois ayant été employés secs et le remplissage en bitume ayant été fait avec soin et complétement, il ne peut pas rester d'air ni d'eau interposés; or il n'y a pas de fermentation sans air et sans humidité, et il ne peut y avoir décomposition sans fermentation ou sans action chimique (1).

---

(1) Au moment de publier ce Mémoire, j'ai pensé que, quelle que fût ma confiance dans la conservation des bois, et quelque plausibles que fussent les motifs que j'ai donnés pour l'ex-

Échafauds volants.

J'ai dit à l'article précédent, en parlant des échafauds, que je pensais qu'en adoptant les âmes ou arcs en bois, on pourrait, dans certains cas, se contenter d'échafauds volants. Je vais maintenant expliquer cette opinion.

Il me semble que, pour des ponts de dimensions modérées, on pourrait, en prenant des points d'appui sur les culées et sur les piles, établir,

---

pliquer, il serait beaucoup mieux encore de pouvoir citer un fait positif à l'appui de cette opinion. Dans ce but, j'ai fait faire, le 10 décembre 1838, une sonde dans l'âme en bois de la ferme de rive d'amont de l'arche droite qui s'élève au-dessus du port Saint-Nicolas, cette ferme étant une de celles qui reçoivent le plus longtemps l'action du soleil et que baignent les grandes eaux.

Cette sonde a été pratiquée au moyen d'une mèche d'acier d'un centimètre de diamètre, introduite dans l'intervalle qui existe entre les deux collets et qui a servi à couler le bitume. Après avoir traversé le bitume qui remplit les collets et celui qui recouvre l'âme, la mèche a percé les deux tiers de son épaisseur et a ramené des copeaux parfaitement sains. Ces copeaux, non seulement ne présentent pas la moindre apparence d'altération, mais même ils ont conservé la fraîcheur et l'odeur d'un bois tout à fait neuf. S'il y avait dans les arcs une cause réelle de fermentation, elle aurait déjà dû commencer à agir pendant les quatre années écoulées depuis l'achèvement du pont, et à se manifester par un commencement d'altération dans les bois. Maintenant qu'il est constaté que les échauffements très-prononcés que les fontes d'un arc de rive ont éprouvés pendant quatre étés successifs, n'ont produit aucun effet, on est fondé à penser que les bois continueront, ainsi que je l'avais espéré, à se conserver comme tous les corps placés à l'abri des agents de destruction.

L'intérêt de ce fait ne concerne pas seulement les ponts en métal, mais aussi et plus utilement encore les ponts en charpente, car il prouve que l'on peut augmenter considérablement leur durée en revêtant de bitume toutes les surfaces de leurs bois, avant et après leurs assemblages. J'ai déjà fait l'épreuve de ce procédé sur le pont de hallage de l'écluse de Saint-Ouen que j'ai fait exécuter en 1828.

Les arcs de ce pont, qui sont en sapin et qui ont été courbés au feu, ont été recouverts au pinceau d'une couche de bitume gras, qui n'avait pas une demi-ligne d'épaisseur, et qui a été blanchie pour empêcher le coulage et l'absorption par l'action du soleil. Ces bois ont été très-bien conservés, et la couche bitumineuse existe encore quoique le bitume fût imparfait et que l'application n'en ait pas été bien faite. J'ai la confiance qu'au moyen de procédés perfectionnés et d'une application de bitume bien faite, on pourrait quadrupler la durée des ponts en charpente. Ce procédé présente encore un autre avantage, c'est qu'il permettra d'employer, pour ce genre de ponts, des bois de pin du Nord et même le sapin commun aussi bien que le chêne, sauf à faire employer le bois dur pour les pièces découpées comme les moises et à saboter les pénétrations des abouts, préalablement bitumés, des grandes pièces qui se contre-buttent, mais en général il vaut bien mieux former les cintres en feuilles superposées et boulonnées, comme les arcs du pont du Carrousel, que de les composer de grosses pièces buttantes par leurs extrémités.

avec des poutrelles horizontales AA (Pl. V), des échafauds simples et légers qui seraient supportés par des câbles BBB (en chanvre ou en fils de fer), passant sur des appuis CC DD placés sur les piles et sur les culées et fixés comme ceux des ponts suspendus; on y ajouterait des haubans supérieurs EE et des câbles de revers inférieurs FF, en bonnes cordes. Pour diminuer le plus possible la mobilité et les oscillations de ces divers câbles, on subdivise leurs portées et on les rend solidaires en les reliant entre eux, au moyen des pièces de bois GG placées dans la direction des rayons de la courbure de l'arc : ces pièces doubles et disposées en moises embrassent les câbles qui passent dans des cannelures ménagées dans leur épaisseur, et y sont serrées fortement au moyen des boulons d'assemblage. Des bourrelets formés avec de la corde ou du fil de fer, enroulés sur les câbles de chaque côté des moises, préviennent tout dérangement de position des assemblages. Par ces dispositions, les câbles reliés entre eux par les moises pendantes et rendus par là solidaires, forment entre eux et avec ces moises une série de triangles invariables qui donnent à l'ensemble beaucoup de force et de stabilité.

On pose ensuite, suivant la courbure des arcs à établir, les poutrelles AA qui embrassent les moises pendantes et s'assemblent avec elles à mi-bois : c'est sur ces poutrelles doubles et moisantes, que l'on place le plancher de service et les arcs ou âmes en bois.

Ces âmes, une fois établies, deviennent elles-mêmes les véritables échafauds de pose pour les fontes; mais, pour éviter les irrégularités de courbure qui résulteraient des inégalités de charge, il faut veiller à ce que les fontes soient toujours apportées et placées régulièrement et symétriquement de chaque côté.

Ce système d'échafauds, qui peut s'appliquer à la construction de la plupart des ponts en fonte et en charpente, est facile à exécuter et très économique, parce que les assemblages se font tous par embrassement et serrement des câbles dans des chapes ou des cannelures, et que par cette raison les câbles et les cordes, n'éprouvant aucune altération en aucun point, peuvent servir successivement pour un grand nombre de ponts : pour cela, il suffit de changer la situation des moises et de leurs boulons, suivant l'ouverture de chaque pont.

Ce genre d'échafaud a de plus l'avantage précieux de laisser le service de la navigation entièrement libre, et de pouvoir être établi et conservé sans danger en toute saison, parce qu'il n'a rien à redouter des crues, ni des débâcles.

Condition de la célérité d'exécution.

Je m'étais engagé envers la Compagnie qui a fourni les fonds pour le pont du Carrousel en 1833, à l'exécuter en douze mois, ce qui n'avait jamais été fait pour aucun des ponts de Paris. Pour y parvenir, il fallait qu'il n'y eût aucun retard dans la marche des travaux, c'est-à-dire qu'il était nécessaire que les échafauds de pose fussent prêts à placer aussitôt que les maçonneries seraient élevées au-dessus des appuis des arcs, que les âmes en pin du Nord pussent être montées sur ces échafauds immédiatement après leur achèvement, et que les fontes fussent prêtes à poser aussitôt après sur les âmes en bois.

Pour satisfaire à ces trois conditions, il était nécessaire que ces trois genres d'ouvrages s'exécutassent en même temps.

Des différences de rapport entre les parties composantes de l'ensemble auraient pu ne pas être sans remède, mais elles auraient toujours déterminé des retards et des augmentations de dépenses, et ce qui eût été plus fâcheux encore, des imperfections dans les assemblages et par conséquent de l'affaiblissement dans les résistances; il importait donc essentiellement d'assurer la plus grande concordance possible dans toutes les parties qui s'exécutaient simultanément sur des chantiers divers et fort éloignés.

Grande règle de mesure.

Pour y parvenir, j'ai fait faire une règle de mesure étalon, exactement égale en longueur à la corde de l'un des arcs en fonte, et divisée en mètres avec une grande précision. Cette règle devant, malgré sa longueur, qui était de 47 mètres 70 centimètres, être transportée à de grandes distances, ne pouvait être d'une seule pièce, et il fallait cependant qu'elle fût facile à monter et à démonter, que ses assemblages fussent très précis et très forts, et qu'elle fût à la fois légère et rigide. Elle fut divisée en dix sections: chacune de ces sections fut composée de deux feuilles de pin du Nord de 16 centimètres de largeur sur 35 millimètres, chacune, d'épaisseur, parfaitement dressées, appliquées, collées et chevillées fortement l'une sur l'autre. Puis, quand elles furent bien sèches, elles furent passées à l'huile chaude pour les garantir contre l'hygrométricité.

Les assemblages sont faits de manière que les joints horizontaux et verticaux des deux feuilles se croisent, en sorte qu'il n'y a de section totale dans aucun sens (Pl. IV, fig. 2, 3 et 4).

Ces assemblages ont ensuite été recouverts et fortifiés par de doubles platines en forte tôle, traversées, ainsi que les bois, par huit boulons de précision (Fig. 5 et 6). Cette règle, ainsi exécutée et munie de frettes en fer aux extrémités, a servi d'abord à fixer les places des coussinets de naissance des culées et des piles; elle a été ensuite transportée au chantier où s'exécutaient les échafauds de pose et les grands arcs en bois, rue Saint-Maur-Popincourt; puis elle a été envoyée à Fourchambault (dans le département de la Nièvre) pour l'établissement de l'épure des fontes; enfin c'est elle qui a servi pour tout régler pendant la pose, en sorte qu'il n'y a eu aucune erreur à réparer dans les assemblages, sur place, des bois ni des fontes.

D'après l'opinion généralement répandue sur l'inaltérabilité de longueur des bois par les influences atmosphériques, j'avais la confiance que ma grande règle ne pouvait pas éprouver des variations assez notables pour produire des changements de quelque importance dans sa longueur; et, en effet, dans l'usage, je n'en ai point reconnu de sensibles. Cependant, n'ayant trouvé aucune donnée ni aucune expérience suffisante pour fixer entièrement l'opinion des constructeurs sur la possibilité de l'allongement des bois dans le sens de leurs fibres par l'action combinée de l'humidité et de la chaleur, je pensai qu'il convenait de profiter de cette occasion et de la facilité que cette règle me présentait, pour faire quelques expériences, non plus pour moi, puisque mon pont était terminé, mais pour les ponts à exécuter par la suite.

On trouvera à la fin de cette Notice (note F) la description détaillée de ces épreuves. Il suffit de dire ici que les plus grandes variations de température qui ont eu lieu du 26 août au 26 octobre 1834 (dont les limites extrêmes ont été 8 et 22 degrés), et le passage d'une sécheresse bien prononcée à un mouillage complet à l'eau chaude, n'ont pas dépassé 4 millimètres 1/2, c'est-à-dire qu'elles n'ont pas atteint le dix-millième de la longueur totale de la règle. J'ajouterai seulement que ces expériences m'ont conduit à penser que la cause la plus influente, si ce n'est la seule, des changements de longueur observés, a été la dilatation des platines de fer des assemblages, et qu'il est probable que, si l'on parvenait à assembler les sections de la règle solidement sans employer de fer, ou au moins avec le moins de métal possible, on n'aurait pas de variation appréciable dans les longueurs de ces étalons de mesure, véritablement utiles dans les grands ouvrages d'art, et particulièrement pour les ponts en fonte.

Pose des fontes.

Embases des arcs.

La pose des fontes a commencé par les embases qui forment l'origine des arcs, et par lesquelles ils portent et s'appuient sur les assises en coussinets des culées et des piles. Ces embases annulaires d'une seule pièce (Fig. 8, 9, 10 et 11, pl. II) sont destinées à recevoir et à emboîter les premiers segments, et à donner, par leur élargissement, plus d'assiette et de surface aux portées des arcs contre les maçonneries. Ces pièces sont encastrées de $0^m. 15$ dans la pierre de roche des coussinets, mais elles ne portent pas directement sur ces pierres, qu'elles auraient pu entamer et égrener à la longue par l'action continue des vibrations. Pour prévenir ce danger, qui eût été grave, on a placé, au fond de chaque encastrement, une plaque en fonte unie, de forme elliptique KK, dont le grand axe est de $1^m. 18$ et le petit de $0^m. 90$, ce qui donne $0^m.4$ 85 de superficie d'appui sur les coussinets. Ces plaques ont 7 centimètres d'épaisseur au pourtour, mais cette épaisseur n'est pas uniforme : la pression des arcs sur ces plaques ne s'opérant que sur leur zone extérieure, on a donné à cette zone une surépaisseur du côté qui s'appuie sur les coussinets, afin qu'au moyen du léger évidement qui en résulte dans le milieu de la plaque, la pression et le serrement sur les appuis se fassent par le bord extérieur, et non par le milieu, dans le but d'éviter les ruptures.

Du côté extérieur, la plaque porte une nervure elliptique et saillante i, i, qui a un double but, savoir : d'abord d'arrêter, en place, la gorge de l'embase qui l'enveloppe entièrement, et ensuite d'emboîter, par le côté intérieur, les extrémités des arcs en bois, et de les maintenir au centre des fontes.

Les plaques d'appui en fonte ont été placées sur un matelas de bon ciment hydraulique dont on a garni le fond de l'encastrement creusé dans la pierre sur trois centimètres d'épaisseur. Ce matelas a pour but d'assurer la portée exacte de toute la superficie, par le moulage de ce ciment sur la fonte et sur la pierre. Sur ces plaques, dont la surface est exactement perpendiculaire à l'axe de chaque arc, on a placé les embases elliptiques dont la forme et les dimensions sont indiquées dans la planche III. Pour alléger ces embases et pour mieux assurer leurs portées sur les plaques de fonte, on a creusé dans leur base une gorge profonde qui a 0^{m}. 10 de largeur, et l'on a ajusté avec soin les doubles portées annulaires LL séparées par cette gorge. La surface d'appui sur chaque coussinet est de 0^{m}. 85, et le poids de chaque embase de 935 kilogrammes.

Les embases étant placées, on établit sur les échafauds les âmes en bois composées, comme je l'ai expliqué plus haut, de neuf feuilles de pin du Nord PPP (Fig. 1 et 4, planche II) bitumées et serrées avec des boulons. Les extrémités de ces âmes s'appuient légèrement sur les fonds des plaques des embases, et s'emboîtent dans l'encadrement formé par leur nervure saillante i, i.

Segments de naissance des arcs.

L'assemblage des premiers segments de naissance des arcs (Fig. 12 et 13) sur les embases se fait, à la fois, par encastrement des gorgerons saillants QQ de ces segments, et par épaulement des quatre renforts indiqués par les lettres N et O, sur les épaulements correspondants M des embases.

Pour remédier à la sécheresse et à l'imperfection des portées de fonte sur fonte, et pour pouvoir régler à volonté les premiers segments, de manière à ce que leur axe réponde au centre de l'embase et lui soit exactement perpendiculaire, on a placé, entre les renforts N et O et les épaulements M, de fortes cales en fer forgé, légèrement cunéiformes SS, sur lesquelles porte toute la charge des arcs et du pont.

Forme, dimensions et poids des segments des arcs.

Les segments des arcs sont de forme elliptique (Fig. 4, pl. III), parce que c'est surtout dans le sens vertical qu'elles doivent avoir la plus grande résistance. Leur grand diamètre intérieur est de $0^m.58$, et le petit de $0^m.33$; leur épaisseur varie de 35 à 40 millimètres, la hauteur totale avec les collets est de 88 centimètres, et la largeur au milieu de 40 centimètres. A droite et à gauche des collets supérieurs M, il y a deux épaulements LL de 55 millimètres de largeur, destinés à recevoir les lames latérales des anneaux des tympans qui embrassent ces collets (comme on le voit à la fig. 5). La longueur du segment est de $4^m.35$ suivant la courbe de l'intrados (1), et de $4^m.415$ suivant l'extrados; la flèche de courbure est de 3 centimètres.

Le poids d'un segment de rive est de 1,300 kil.; celui d'une subdivision intérieure sans côtes saillantes, de 1,227 kil.

---

(1) La longueur développée de l'arc moyen passant par le milieu de l'arc,		49 39
Pour avoir la longueur des segments, il a fallu déduire :		
1° Les deux saillies des embases sur les plans des naissances des arcs, qui sont ensemble de.	0^m 95	
2° Les largeurs des deux joints des segments de naissance avec les embases, qui sont garnis de fortes cales.	0 05	
3° Pour les onze joints de segments d'un centimètre chacun.	0 11	
	1 11	1 11
Reste pour la somme des longueurs des onze segments.		48 28
Et pour la longueur de l'arc moyen d'un segment.		4 38

La difficulté principale de ces pièces consistait à obtenir que les faces de jonction des deux collets fussent exactement dans le même plan ; elle a été vaincue complétement par l'habileté de M. Emile Martin.

Croisement des joints des segments.

Des deux segments de naissance qui sont opposés, et dont la réunion forme le commencement d'un arc, l'un a la longueur totale de 4^{m}. 40, l'autre n'a que la moitié de cette longueur, pour que le joint d'une face réponde au milieu du segment correspondant de la face opposée. Les autres segments sont égaux ; seulement ceux de rive ont des bandes saillantes OO (Fig. 1re), tant en long sur le milieu du bombement qu'en travers aux milieux et aux extrémités : ces bandes servent à renforcer les arcs de rive, qui ont besoin de plus de résistance que les autres, et à les orner. Les boutons saillants K, placés au croisement des deux bandes, sur le milieu des joints, ont pour but de former un logement pour les coins ou cales en fer du milieu DD; les boutons semblables placés aux autres croisements des bandes qui répondent aux milieux des segments n'ont d'autre but que la symétrie.

Bandes et boutons saillants.

Trous des boulons des collets.

Les segments d'arcs, bien que coulés sur le même modèle, varient toujours un peu à la fonte, par de petites différences dans le moulage ou dans le retrait. Si l'on faisait venir à la fonte tous les trous de boulons qui doivent traverser leurs collets, on s'exposerait à de grandes discordances et à des difficultés dans la pose. D'un autre côté, le percement en place et à la mèche d'acier de tous ces trous, qui sont en très-grand nombre, serait long et dispendieux, et il ne pourrait même remplir le but complétement, parce que l'on ne peut faire, ainsi, que des trous ronds : or il faut que les trous des collets qui appartiennent à l'un des côtés de l'arc soient ovales, non seulement pour remédier plus facilement au défaut d'accord parfait dans les trous correspondants, mais encore, et surtout, pour permettre le mouvement des segments dans le sens de leur longueur, parce que ce mouvement est nécessaire pour que, lors du coinçage, les pièces contiguës puissent glisser un peu l'une sur l'autre, afin que l'effet produit par les coins fasse porter le serrement sur les joints, et non pas sur les boulons qui ne servent qu'à joindre les segments d'une face de l'arc avec ceux de la face opposée.

J'ai rempli ce double but en faisant établir des trous de boulons ovales à la fonte dans les collets de la moitié des segments, et en laissant les collets de l'autre moitié entièrement pleins. Dans la pose, on met les pièces à collets pleins d'un même côté, et celles à collets percés du côté opposé.

Assemblage des subdivisions d'arcs.

Tous les segments d'un arc étant rangés en place des deux côtés, on les relève, on les rapproche en emboîtant de part et d'autre l'âme en bois, on les fixe dans cette position avec quelques boulons de collets et on les cale provisoirement. Ensuite on perce des trous à la mèche dans les collets pleins, vis-à-vis le milieu de chaque trou ovale du collet opposé. De cette manière, le placement des boulons se fait avec la plus grande facilité, et on peut faire mouvoir tous les segments facilement, soit à droite, soit à gauche, selon le besoin de l'assemblage, en ayant soin de laisser les boulons un peu libres jusqu'après le calage définitif.

Du calage des joints.

L'opération la plus importante est l'ajustement des logements des coins. Il se fait au burin et à la lime, et doit donner des surfaces très planes. Les largeurs des logements décroissent insensiblement de haut en bas pour la cale supérieure et pour celle du milieu, et de bas en haut pour la troisième, placée au-dessous.

Quand ce travail est terminé, on prépare et on présente, à chaque logement, une cale en bois dur bien dressée, et on l'ajuste, avec une grande précision, à la demande de l'emplacement à occuper. Ces cales en bois servent de modèle pour forger et préparer les cales en fer, qui, à leur tour, sont encore ajustées sur place à la lime, jusqu'à ce qu'elles touchent bien également les parois de leurs logements, en serrant légèrement à mesure qu'elles y pénètrent. Les cales d'un arc étant toutes ainsi placées, on les serre en même temps sur toute leur étendue par de petits coups de simples marteaux dont on augmente la force progressivement.

Tension et dressement des arcs.

Par cet effet, on fait prendre à l'arc une tension uniforme, qui croît à mesure de l'enfoncement des coins. Leur puissance est telle que bientôt l'on voit l'arc, dont le poids est de près de 30,000 kilogrammes, se soulever tout entier au-dessus de ses appuis et s'isoler entièrement de l'échafaud, en sorte que, pour ce genre de ponts, il n'y a pas de décintrement (1).

Les cales, déjà si utiles et si commodes pour assurer les portées régulières des voussoirs et pour donner aux arcs la tension uniforme nécessaire pour leur stabilité, ont encore un autre avantage; c'est qu'elles servent aussi à amener doucement, et à volonté, les arcs exactement dans un plan vertical, ce qui est absolument indispensable. Si l'arc présente un bombement dans une partie, il suffit de relever légèrement les cales du côté convexe et d'enfoncer davantage celles du côté concave, et réciproquement. Mais je dois prévenir ici les constructeurs d'un danger contre lequel il importe de se mettre en garde; c'est que, quand on en est à ce point, l'arc étant tendu, isolé et presque libre, une action trop brusque des cales peut lui faire prendre un mouvement transversal qui, une fois commencé, ne pourrait être arrêté : les échafauds n'ayant pas de résistance dans ce sens, et étant d'ailleurs insuffisants pour retenir une pareille masse de fonte en mouvement, l'arc se renverserait et entraînerait probablement avec lui une partie de l'échafaud et des autres arcs. Pour prévenir ce danger, il faut avoir soin de recaler, avec soin, chaque arc à mesure qu'il s'isole de l'échafaud, et en outre attacher provisoirement les arcs voisins ensemble au moyen d'entretoises en simples liernes de sapin, reliées aux arcs avec des moisettes, ou même avec des cordes.

---

(1) Dans les ponts dont les arcs ne sont assemblés et serrés qu'avec des boulons, il y a tassement lors du décintrement, et par conséquent disjonction. Ainsi, au pont d'Austerlitz, il y a eu, lors du décintrement, un tassement de 11 millimètres. Depuis, le tassement s'est augmenté jusqu'à 10 et 11 centimètres, mais cette augmentation est due aux ruptures nombreuses qui se sont manifestées dans le châssis des arcs et des tympans.

Les arcs étant tous établis dans des plans verticaux et parfaitement parallèles, on arrête les cales au moyen de goupilles placées dans les joints du fer et de la fonte, de manière qu'une moitié de leur diamètre se loge dans la fonte de l'arc et l'autre dans la cale. Ces arrêts sont nécessaires non seulement pour les cales inférieures qui pourraient se détacher et tomber par le retrait du métal dans les temps froids, mais aussi pour les autres cales, parce que leur forme en coin, bien que peu prononcée, et les actions alternatives et continuelles des vibrations, des dilatations et des retraits, pourraient les faire déplacer, et par là affaiblir la résistance des arcs, si l'on ne s'en apercevait pas à temps.

Immédiatement après cette opération, on serre tous les boulons des collets pour faire joindre complétement les segments sur les rondelles placées en dedans des collets opposés. Nous indiquerons plus bas l'usage de ces rondelles; nous nous bornerons à faire connaître ici que, par le serrement des boulons, on peut ramener jusqu'à trois centimètres de gauche dans les segments en fonte douce.

Entretoises.

L'assemblage des arcs étant ainsi terminé, on place les entretoises destinées à les relier entre eux, à les rendre solidaires et à prévenir les déversements latéraux; il importe beaucoup de se prémunir contre ces déversements, parce que, comme je l'ai déjà dit, quand ils commencent à s'opérer, il n'est pas possible de les arrêter. Les entretoises du pont d'Austerlitz, placées de deux en deux mètres, sont toutes perpendiculaires aux arcs, et toutes en fer forgé; celles du pont de Southwark sont aussi perpendiculaires aux arcs, mais elles sont en fonte et très fortes : des croix de Saint-André placées dans les intervalles contrebutent les mouvements latéraux des arcs.

Les pièces qui relient les arcs d'un pont de fonte ont deux efforts de nature différente à supporter, savoir: la pression quand un arc tend à se rapprocher de l'arc voisin, et la traction d'arrachement quand il tend à s'en éloigner. Il faut donc qu'un système d'entretoises soit disposé de manière à pouvoir résister, avec avantage, à l'un et à l'autre de ces efforts : or la fonte vaut mieux pour résister à la pression, et le fer forgé pour résister à la traction, d'où il suit que le système d'entretoisement comprend des pièces en fonte et des pièces en fer forgé. Pour satisfaire à ce principe, j'ai employé des fontes pour contrebuter les arcs en dedans et des tirants en fer pour s'opposer à leur écartement.

Parmi les entretoises en fonte, il y en a de droites et d'obliques (comme on peut le voir par la Fig. 1re de la pl. VI). J'ai adopté cette disposition, parce qu'elle présente qlus de rigidité qu'un système d'entretoises toutes droites ou toutes obliques. Si l'on voulait n'avoir qu'une même forme d'entretoise, il vaudrait mieux, à mon avis, adopter les entretoises obliques; premièrement parce qu'il en résulte des triangles qui donnent toujours la meilleure garantie contre les changements de figure, tandis que les quadrilatères peuvent toujours changer, et de rectangles devenir obliquangles sous une forte pression. Et secondement parce que les entretoises obliques dispensent des croix de Saint-André qui sont nécessaires dans les arches de grande ouverture à entretoises droites, comme l'a sagement jugé l'habile ingénieur du pont de Southwark. La majeure partie de mes entretoises est oblique, mais j'ai employé en même temps des entretoises droites, parce que j'y trouvais augmentation de force à peu de frais, et surtout à cause de la grande inclinaison que j'ai été obligé de donner à une partie des entretoises obliques. Cette obligation est résultée de ce que les entretoises s'assemblant sur les collets des arcs, je me suis trouvé très gêné par les emboîtures des anneaux sur ces collets, qui m'ont forcé d'espacer les points d'appui des entretoises plus que je ne l'aurais voulu et de leur donner des longneurs et des inclinaisons différentes (1).

Les entretoises obliques AA (Fig. 1re, pl. VI), sont des pièces

(1) Depuis l'exécution du pont du Carrousel, désirant éviter les inconvénients de l'inégalité dans les espacements et dans l'inclinaison des entretoises, j'ai étudié une nouvelle disposition qui me paraît meilleure, et que je compte appliquer aux ponts en fonte que j'exécuterai par la suite. J'en donnerai la description à la fin de ce Mémoire.

droites et pleines, munies chacune de quatre nervures dont la saillie augmente au milieu pour les fortifier, comme dans les bielles de beaucoup de machines (Fig. 2, 3, 4, 5, 6 et 7). Les grandes entretoises pèsent avec leurs semelles 350 kilogr., et les petites 240.

Les entretoises droites BB, CC, sont des cylindres creux et droits avec des collets d'épaulement DD (Fig. 11), qui s'appuient sur des semelles EE (Fig. 10 et 12), et sur les collets des arcs; elles pèsent 135 kilogr.; elles portent sur des semelles appliquées contre les collets et sont serrées au moyen de doubles coins insérés dans des logements spéciaux. Chacune de ces entretoises est accompagnée à droite et à gauche de deux rangs de tirants droits en fer FF (Fig. 1re), qui se boulonnent sur les collets des arcs et les font serrer fortement contre les semelles d'appui.

Réfléchissant aux inégalités inévitables des effets des vibrations et des dilatations sur les arcs intérieurs et extérieurs qui ne sont jamais affectés de la même manière par les charges du pont ni par la chaleur du soleil, je reconnus que l'une des extrémités d'une entretoise oblique pouvait être soulevée pendant que l'autre ne bougerait pas, ou même serait sollicitée en sens contraire; et remarquant que la contrariété de ces efforts serait d'autant plus grande qu'en raison de l'obliquité de ces pièces, le point d'un arc sur lequel s'attache l'une de leurs extrémités est fort éloigné du point auquel s'attache l'autre extrémité sur l'arc voisin, je craignais qu'il n'en résultât des ruptures. Pour parer à ce danger, je n'ai pas voulu faire les entretoises obliques d'une seule pièce, j'ai séparé les semelles d'appui qui se boulonnent sur les arcs, du corps ou de la tige de l'entretoise et j'ai joint ces tiges aux semelles au moyen de chapes composées de deux joues parallèles GG (Fig. 2 et 3, pl. VI), pratiquées à chaque extrémité de la tige de l'entretoise (Fig. 2 et 3). Ces joues reçoivent entre elles les tenons saillants H (Fig. 8 et 9) des semelles d'appui KK. Un boulon traverse à la fois le tenon d'une semelle et la chape de l'entretoise; mais comme on ne peut obtenir avec des boulons seuls une tension suffisante pour prévenir les disjonctions, j'ai d'abord fait serrer fortement les entretoises avec des cales légèrement convexes

LL, placées entre le fond des gorges des chapes et les tenons des semelles. Ce n'est qu'après ce serrement que l'on a percé en place les trous des boulons dans les tenons, en sorte qu'il y a tension et cependant liberté suffisante pour un léger mouvement de genouillère.

Je suis porté à croire maintenant, d'après l'expérience, que cette précaution n'était pas indispensable, car malgré les vibrations très sensibles des arcs, je n'ai reconnu aucun mouvement dans les genouillères des entretoises, la peinture qui couvre leurs joints n'a pas même été fendue. Néanmoins je crois qu'il est bon d'employer par prudence ce mode d'exécution, parce qu'il n'exige que peu de frais d'ajustement, qu'il procure un moyen de calage simple et la facilité de graduer à volonté la tension, qu'il dispense d'une précision très difficile dans l'ajustage des fontes, et qu'enfin il donne une garantie de plus contre les cas accidentels.

Les entretoises droites cylindriques ne sont pas toutes placées comme les entretoises obliques contre les collets supérieurs des arcs. Les deux premiers rangs de ces entretoises, à partir du sommet des arcs (ceux qui portent les lettres CC dans la figure 1re, planche VI), sont fixés contre les collets inférieurs. Cette disposition a pour but de s'opposer au déversement des arcs par torsion, c'est-à-dire d'empêcher que les collets inférieurs ne se déjettent par l'effet des vibrations. Je pense qu'il aurait été bon de placer trois autres rangs de ces entretoises, savoir: un au milieu des arcs, et un vers chaque rein. Je les ai proposés depuis l'exécution du pont, mais la société concessionnaire, qui avait consenti, lors de la construction, à une augmentation de dépense de 18,000 fr. pour fortifier le système général des entretoises, satisfaite de la résistance et du bon état de conservation du pont depuis quatre ans, n'a pas jugé une nouvelle addition nécessaire.

Bitumage des arcs.

Les entretoises étant posées, on a fait le coulage du bitume pour remplir le vide de 10 à 15 millimètres existant entre les âmes en bois et l'intérieur des arcs en fonte.

On a commencé par fermer le joint longitudinal qui sépare les collets inférieurs des arcs, au moyen de petites cales en bois enduites de peinture de minium et forcées au marteau, jusqu'à 3 centimètres de profondeur au delà des bords de l'ouverture; le vide restant a été garni en ciment de fonte ammoniacal, serré à la chasse.

Pour assurer le remplissage exact de tous les vides, il fallait que la fonte des arcs fût bien chaude, sans quoi le contact du métal eût fait figer le bitume dès l'entrée. Pour éviter cet inconvénient, on a échauffé les arcs au moyen de réchauds doubles à faces concaves, qui les embrassaient de part et d'autre et qui étaient attachés ensemble par des chaînes placées à cheval sur les collets supérieurs (comme on le voit Fig. 5 et 6 de la planche VIII).

La fonte étant bien chaude, on a coulé le bitume par les ouvertures laissées entre les collets supérieurs, au moyen de rondelles d'un centimètre placées aux passages des boulons; on a commencé par les embases, en remontant progressivement de part et d'autre jusqu'aux sommets des arcs; on facilitait le mouvement du bitume et on s'assurait du remplissage avec des lames d'acier minces, semblables à des lames de scie. On est ainsi parvenu à remplir complétement les vides, en sorte qu'il ne peut y avoir ni humidité, ni air renfermé entre le bois et la fonte.

On a employé pour cet ouvrage le bitume fluide provenant de la fabrication du gaz, parce qu'il est le moins cher, ses défauts qui sont d'être cassant et friable aux basses températures, sous de légères pressions, n'ayant aucun inconvénient dans les arcs où il n'est soumis à aucun choc, ni à aucune friction.

Pour empêcher ce bitume de sortir, on a recouvert les collets d'un mastic bitumineux compact et fort, dont on a formé un solin recouvrant les collets supérieurs.

Le bitume fluide de l'intérieur est ressorti dans quelques points pendant les chaleurs de l'été; cela est résulté de ce que, dans ces endroits, on n'avait pas enlevé avec assez de soin le bitume fluide de dessus les collets avant d'y appliquer le bitume dur qui, par cette raison, n'y a pas adhéré assez fortement.

Anneaux des tympans.

Le bitumage terminé, on a placé les anneaux des tympans. Ces anneaux, semblables à ceux du pont de Maisons, sont composés de deux lames cylindriques verticales réunies au milieu par un diaphragme qui leur est perpendiculaire; les lames latérales emboîtent exactement les collets supérieurs et s'appuient, de chaque côté, sur les épaulements L des arcs (Fig. 5 et 14, planche II).

C'est par ces anneaux que la pression produite par le poids du plancher et par le passage des voitures, est transmise aux arcs. La surface de tangence entre les deux surfaces courbes d'un arc et d'un anneau ayant très peu d'étendue, il pourrait y avoir du danger à faire porter des pressions semblables sur des surfaces aussi étroites. Pour l'éviter, j'ai fait ajouter, de part et d'autre de chaque point de tangence d'un anneau sur un arc, de petites bobines en fonte indiquées par la lettre L dans les fig. 6 et 14, pl. II. Pour retenir ces bobines et pour rendre les contacts plus larges et plus immédiats, on enroule les deux bobines placées à droite et à gauche d'un même point de tangence, d'une bande de fer M (Fig. 6), qui passe entre la lame verticale de l'anneau et l'arc.

Par cette disposition, chaque cercle porte sur un arc par six points à la fois, et il y a à chaque portée une lame de fer forgé interposée entre les pièces de fonte : cette lame, permettant par sa ductilité, l'impression des petites inégalités des surfaces des fontes, forme matelas et augmente les surfaces de contact.

Liens des anneaux.

Les anneaux n'ayant d'autre but à remplir que de supporter le plancher, il suffisait qu'ils présentassent aux longerons des points d'appui distants de 3 à 4 mètres : c'est pourquoi au lieu de rendre ces anneaux tangents, comme le sont les anneaux pleins et unis des ponts de Coalbrookdale et de Sunderland, pour économiser la fonte, et pour obtenir de la légèreté et de la régularité, j'ai espacé les anneaux en les séparant par des liens qui servent à les maintenir dans leur position, et à les contrebuter les uns contre les autres. Ces liens sont des pièces de fonte rectangulaires et creuses, leurs extrémités sont formées de parties étroites qui entrent, à la manière des tenons, dans les gorges extérieures des anneaux, et qui sont munies de chaque côté d'épaulements arqués qui s'appuient directement sur les lames de ces mêmes anneaux. Des boulons traversent intérieurement ces pièces dans le sens de leur longueur et les diaphragmes des anneaux, et se serrent au moyen d'écrous placés dans les gorges intérieures.

Le lien qui relie les grands anneaux avec la face voisine des culées et des piles repose, par de larges bases, sur des plaques en fonte encastrées dans la pierre de taille, et les boulons qui les traversent sont accrochés dans des crampons scellés dans la maçonnerie.

Après le 6ᵐᵉ anneau, les espaces entre les longerons et les arcs étant fort étroits, on s'est borné à mettre de simples rouleaux dont les diamètres décroissent en raison de l'espace qui reste libre.

Les plus grands anneaux ont 3ᵐ. 80 de diamètre et pèsent 2,000 kilogrammes; ils ont été fondus d'une seule pièce à la fonderie de Conches, dans le département de l'Eure.

La totalité des fontes des deux tympans d'une ferme pèse 9,350 kilogr., et le poids des fontes d'une ferme entière est de 38,816 kilogr.

PLANCHER.

Longerons.

Les longerons du plancher sont tous composés de deux poutres accolées latéralement, et fortement boulonnées ensemble. Cette disposition a été établie dans un double but, savoir : 1° de donner de larges portées aux appuis de ces longerons sur les anneaux des arcs; 2° de donner au plancher une grande force de résistance au déversement latéral, parce que seul il s'oppose à ce déversement pour la partie supérieure des arcs qui est dépourvue d'entretoises.

Les longerons s'appuient directement sur les sommets des anneaux. Pour empêcher les lames verticales des anneaux de pénétrer dans le bois, on a garni les faces inférieures des longerons aux points de tangence, de platines en fer qui reçoivent les portées de ces lames, et de plus on a placé dans les gorges des anneaux des soliveaux en bois dur pénétré d'huile, et arrêtés par des goujons implantés dans les solives;

la surface d'appui qui a 20 centimètres de largeur, est encore augmentée par des bobines et des plates-bandes en fer enroulées sur ces bobines et disposées de la même manière que celles qui accompagnent les points de tangence des anneaux sur les arcs.

Pour garantir les faces extérieures des longerons de rive, de l'action du soleil et de l'humidité, et pour l'harmonie du coup d'œil, on a revêtu ces faces de plaques de fonte qui forment frise continue.

Liens du plancher avec les arcs.

Pour rendre le plancher et les sommets des arcs d'une même arche solidaires, ainsi que pour prévenir la disjonction qu'aurait pu causer la différence entre les vibrations des fontes et celles de la charpente, j'ai relié les sommets des arcs et les longerons au moyen de liens fixés dans les uns et dans les autres. Ces liens se composent de lames planes en fer forgé XX (Fig. 4 et 5, pl. VII); ces lames larges et épaisses sont placées verticalement entre les deux longerons contigus, et entre les deux lames des collets supérieurs des arcs.

La partie supérieure et recourbée de chaque lien embrasse un fort boulon Y qui traverse et serre les longerons; ses deux branches inférieures sont traversées par les boulons de collets des arcs; il y a à chaque arc sept de ces liens, savoir : un au sommet ou à la clef, et trois de chaque côté. Ils ont rempli leur but complétement.

Pièces de pont et tabliers.

Sur les longerons BB (Fig. 1 et 3, pl. VII) on a établi les pièces de pont EE, et sur ces pièces des croix de Saint-André en plates-bandes de fer encastrées et boulonnées sur les pièces de pont (Fig. 2, pl. VII); il y en a quatre sur chaque arche, elles servent à contreventer le plancher et à lui donner de la rigidité dans le sens transversal.

Le tablier est formé de deux lits de madriers; ceux du premier lit M (Fig. 1 et 3, pl. VII) sont en chêne et placés en long parallèlement à l'axe du pont, ils sont couverts d'une couche de bitume liquide au pinceau; le second lit NN est en madriers de pin du Nord disposés obliquement en fougère et bitumés sur les deux faces (Fig. 1re, pl. VII).

Des garde-grèves O (Fig. 3, pl. VII), fixés sur les deux bords du tablier, encaissent le cailloutis Mac-Adam dont est formée la chaussée.

Pour l'écoulement des eaux, on a laissé des ouvertures continues Q de 3 centimètres entre les garde-grèves et le pied des trottoirs. Les eaux qui s'écoulent par ces cannelures sont reçues par des larmiers en zinc R, disposés en gouttières et fixés contre le plancher inférieur; ces larmiers sont établis pour rejeter les eaux directement dans la rivière, et les empêcher de retourner et de s'étendre sur les surfaces inférieures des bois. Des chasse-roues en fonte P empêchent les voitures de passer sur ces cannelures et d'approcher trop près du trottoir, et en même temps elles contrebutent et consolident les longerons G qui bordent ces trottoirs extérieurement.

Chaussée. La chaussée est composée de trois couches : la première en pierre calcaire tendre, la seconde en pierre dure siliceuse angulaire, et la troisième de débris fins de la pierre dure mêlés d'un quart de débris de la pierre tendre. L'épaisseur totale est de 20 centimètres au milieu et de 11 sur les côtés. Désirant rendre cette chaussée aussi imperméable que possible, tant pour sa durée que pour la conservation du plancher qui la supporte, j'ai fait arroser les premières couches d'un bon lait de chaux hydraulique. C'est par ce motif que l'on a fait le second lit du tablier en pin du Nord, parce qu'il résiste beaucoup mieux que le chêne à l'action de la chaux. Le bitume dont il est revêtu le garantissant suffisamment de la pénétration de l'humidité, on espère qu'il se conservera longtemps.

La chaussée a été tassée fortement et couche par couche, au moyen d'un cylindre de compression de 2 mètres de diamètre pesant 6,000 kilogrammes (1); il en est résulté qu'elle était parfaitement liée et bien

---

(1) J'ai proposé à l'administration, en 1828, et employé depuis cette époque avec un grand succès, les cylindres de grande dimension pour le tassement et l'amélioration des chaussées en cailloutis et pour les accotements; je les ai employés depuis pour mes chaussées bitumées. J'ai décrit leur construction et expliqué leurs avantages dans une *Notice sur l'amélioration des chaussées en cailloutis, des accotements des routes et des chemins en terre*, publiée en 1834 chez Carilian-Gœury.

roulante le premier jour du passage des voitures et qu'elle s'est bien conservée.

Trottoirs. Les trottoirs sont relevés au moyen de petites solives H et F (Fig. 3, pl. VII) placées sur les pièces de pont; elles forment consoles sous la corniche qui fait saillie et couronnement en dehors de la ferme de rive.

La distance de 2m.50 entre les portées du plancher de recouvrement étant trop grande pour ne pas avoir à craindre sa flexion, on lui a donné un appui au milieu au moyen d'une simple planche de champ T.

Depuis que le pont a été livré au public, la Compagnie voulant assurer la durée du plancher des trottoirs et les rendre plus agréables pour le public, les a fait couvrir d'un enduit de bitume de Seyssel coulé sur un lit de carreaux minces en terre cuite. Ce bitumage a coûté 8 fr. 50 c. le mètre quarré, et en totalité 7,300 francs.

Balustrade. La balustrade est en fonte et fort simple; chaque balustre est composé de fuseaux doubles en fonte, et est fixé dans le plancher par un goujon en fer, taraudé des deux bouts. La main courante se compose d'une plate-bande continue en fer mince, fixée sur les têtes des balustres, et d'une coquille en fonte qui recouvre et enveloppe la plate-bande et y est fixée par des vis à têtes fraisées (Fig. 3, pl. III).

Cette balustrade a pour appui des pilastres rectangulaires en fonte, encastrés dans la pierre des socles, et qui servent à supporter les candélabres d'éclairage. Les vides de ces pilastres peuvent servir à loger les réservoirs de gaz pour les lampes.

Chacun de ces pilastres pèse 300 kilogr.

Épreuves. Le pont étant terminé, on l'a soumis aux épreuves légales. On l'a chargé de 200 kilogr. par mètre quarré, en pavés répartis, d'abord sur les arches latérales, seulement pendant 24 heures, ensuite sur l'arche du milieu. Il n'a pas éprouvé la moindre avarie et on n'a pas reconnu de tassement sensible ni de désunion, dans aucune partie des maçonneries ni des fontes.

L'abaissement du sommet des arcs résultant de la charge n'a pas été sensible; M. l'ingénieur chargé de la vérification d'épreuves n'en a point reconnu. Il était d'ailleurs très difficile de le mesurer exactement à cause des inégalités de hauteur causées par la dilatation des arcs. Il est même résulté de cette cause un effet assez singulier, c'est que, lorsque l'ingénieur commissaire vint visiter les repères le lendemain du chargement, à midi, il trouva que le pont, au lieu d'avoir baissé, s'était relevé de 4 millimètres. Au premier moment, il crut que le repère avait été dérangé, tandis que cet effet était dû au surhaussement du sommet de l'arc causé par la dilatation.

Vérification du pont.

Depuis quatre ans que ce pont existe, il n'a éprouvé aucun accident; aucun joint de pierres ni de fontes ne s'est ouvert, aucune pièce des arches ne s'est rompue, ni avariée en aucune manière. Il n'y a eu besoin de faire aucun resserrement de clef, ni aucune réparation quelconque. Quelques joints de segments se sont écaillés, mais ces effets partiels ne sont nullement dus à des mouvements des pièces des arcs ni même aux vibrations, ils proviennent uniquement de l'action chimique de l'air sur la composition de ciment ferrugineux introduit dans les vides de ces joints après le calage. Lors de la vérification du pont, au terme du délai de garantie des entrepreneurs, qui était d'une année, on n'a trouvé aucune réparation à ordonner, ni aucune dépense à faire.

Il n'y a eu de ruptures que dans quelques-uns des chasse-roues du plancher, qui sont en fonte. Il est probable que ces ruptures sont dues aux chocs des roues de voitures; il aurait mieux valu les faire en fer forgé. On avait pensé qu'à raison du péage et de la proximité du pont royal, il ne serait pas fréquenté par les voitures pesantes; cependant il y passe assez souvent des voitures chargées de moellons et de fortes pierres de taille, qui pèsent jusqu'à 7,000 et même 7,500 kilogr., et ce sont précisément les voitures les plus fortement chargées qui préfèrent le pont du Carrousel, parce que ce sont celles qui ont le plus de peine à monter le pont Royal, et pour lesquelles ce passage présente le plus de dangers, lorsque les limoniers glissent ou s'abattent. Dans le premier cas il leur arrive souvent de se déferrer, et dans le second ils sont presque toujours blessés grièvement. Les voituriers font donc preuve de sens en aimant mieux payer au pont du Carrousel, que d'exposer leurs chevaux en passant gratuitement à l'autre pont.

Ce pont a subi, un an après son exécution, une épreuve plus forte et plus dangereuse que celles de l'administration : une voiture chargée d'un énorme bloc de marbre et attelée de huit chevaux, venant de la place du Carrousel, fut dirigée de préférence sur le pont du Carrousel, à cause de la rapidité des rampes du pont-Royal; la pente de l'entrée du pont du côté du Louvre étant assez forte, les chevaux s'arrêtèrent sur la culée; les voituriers les ayant fouettés fortement, les huit chevaux, donnant vigoureusement ensemble dans le collier, enlevèrent la voiture au trot et traversèrent ainsi toute la première arche. Je visitai cette arche le lendemain avec un grand soin, et je n'ai pu y reconnaître ni fracture, ni altération quelconque.

CONSIDÉRATIONS GÉNÉRALES

SUR LES MOYENS D'APPRÉCIER LA RÉSISTANCE D'UN PONT EN FONTE.

Les recherches nombreuses que j'ai faites sur les moyens de me rendre compte des effets des pressions et des vibrations sur les arcs du nouveau système que je voulais employer, et de calculer sa force de résistance, ne m'ont rien procuré qui m'ait paru suffisamment positif et assez démontré pour établir un jugement certain, quant aux effets probables et aux conséquences du passage des voitures sur un pont de ce système.

Les éléments des calculs sur la résistance des fontes doivent varier suivant les dimensions des pièces et leurs sections, et plus encore à raison de la qualité du métal employé, parce que des fontes des mêmes mines et des mêmes fourneaux, bien que semblables en apparence, peuvent différer entre elles du cinquième, et même du quart, quant aux résistances.

D'ailleurs en supposant (ce qu'il est difficile d'admettre entièrement) des fontes véritablement identiques, les rapports entre des fontes de sections déterminées et leurs résistances, vrais dans certaines limites rapprochées des données des expériences qui ont servi à établir ces rapports, ne le sont plus quand ces dimensions s'accroissent beaucoup, parce qu'alors différentes causes dont les influences peuvent être négligées, à raison de leur faiblesse, pour des ponts de petite ouverture, deviennent graves lorsqu'il s'agit de grands ponts, et méritent une grande attention ; il est donc bien difficile, s'il n'est même tout à fait impossible, de saisir par le calcul les changements nombreux qui sont déterminés par les influences diverses que l'on vient d'indiquer et par les différences dans les systèmes d'assemblage, dans les proportions des arcs en fonte, et enfin par les formes mêmes des pièces, parce que ces formes ont sur leur résistance une influence très grande, à laquelle on n'a pas toujours eu assez d'égard.

Un autre élément de calcul qui est aussi très variable est, comme nous l'avons déjà observé, celui qui concerne la nature et les qualités des différentes fontes, qui sont si peu constantes que l'on ne pourrait établir des calculs certains que sur des expériences, faites exprès pour chaque pont, sur les pièces de fonte qui doivent y être employées. Nous avions pour le pont du Carrousel des fontes d'une qualité particulière, composées exprès et dont la force de cohésion était bien supérieure aux qualités des bonnes fontes ordinaires : si donc nous avions adopté les formules applicables à ces dernières, nous aurions été conduits à employer une quantité de métal plus grande que celle qui était véritablement nécessaire.

D'un autre côté, les calculs de ce genre reposent toujours sur des hypothèses déduites d'expériences basées sur des faits connus : par conséquent ces calculs, applicables aux constructions qui se trouvent dans des conditions semblables, ne le sont plus lorsqu'il y a de grandes différences dans les données générales, c'est-à-dire dans les dimensions, les formes, les dispositions et les rapports des pièces composantes entre elles, comme il arrive toujours dans un nouveau système.

En thèse générale, il me semble que, quand il s'agit de calculer les résistances dans des ouvrages d'art, les résultats de calculs déduits de formules déterminées ne méritent de confiance que quand il n'y a pas de différences notables entre les faits et les données sur lesquels sont établis les calculs, les faits et les données du sujet nouveau auquel on veut en faire l'application.

Rentrant dans la spécialité des ponts en fonte, je ferai observer que, dans ce genre de ponts, la résistance et la stabilité dépendent beaucoup plus des assemblages que de la force propre des fers et des fontes: or, le calcul ne pouvant fournir des moyens suffisants pour juger, avec certitude, les effets qui résultent des assemblages ni le degré de confiance qu'ils méritent, on ne pourrait, sans danger, à mon avis, chercher, dans le système d'un pont existant, des termes de comparaison et des éléments de calculs assez certains pour se rendre un compte exact de la force et de la résistance sur lesquelles on pourra compter pour un pont d'un autre système, ni même pour un pont d'un système analogue, lorsqu'il diffère beaucoup par ses dimensions du pont dont les données ont servi de base aux calculs.

Ainsi on pourra s'appuyer sur les données résultantes des faits constatés par l'existence et le degré de conservation du pont des Arts pour des ponts en arcs simples de petites dimensions; de même on pourra prendre, pour termes de comparaison, les données du pont d'Austerlitz pour des ponts à voussoirs en châssis, dont les arches ne différeraient pas des siennes de plus d'un tiers, en plus ou en moins; mais il ne m'a pas paru rationnel de m'appuyer sur les faits que présentent ces deux ponts, pour établir des bases ni même des éléments de calculs propres à déterminer les dimensions et les surfaces de section qu'il convenait de donner aux arcs du pont du Carrousel.

Le pont de Southwark paraissait un meilleur sujet de comparaison, relativement à la grandeur des ouvertures des arches et à l'égalité de résistance et de tension qui résultent de la belle et forte ordonnance de toutes ses parties; mais, outre que je n'avais pas la faculté de connaître, avec assez de précision, les dimensions des pièces principales, ni les détails d'assemblage, pour les soumettre au calcul, je ne pouvais établir d'analogie entre le système de ce pont et le mien, parce qu'il y avait de trop grandes différences, 1° dans la forme des voussoirs en lames planes de ce pont, comparée à celle de mes arcs en tube; 2° dans la disposition des joints qui, dans ce pont, sont des sections totales des arcs, tandis que les joints de mes segments en demi-tubes ne pénètrent que jusqu'au milieu de mes arcs; et 3° enfin dans la forme et dans l'agencement des entretoises.

Et quand bien même ces deux genres de ponts eussent été plus comparables, les résultats de la comparaison auraient encore pu conduire à des erreurs, parce que, dans le pont de Southwark, il y a surabondance dans la force et dans le poids des fontes, et cela par trois motifs: le premier, c'est qu'en exécutant pour la première fois un ouvrage aussi colossal, l'ingénieur devait par prudence donner un excès de force; en second lieu, on sait que le célèbre Rennie avait pour principe de forcer un peu les dimensions de tous ses ouvrages, pour mettre plus sûrement sa réputation à l'abri des chances défavorables; le troisième motif consiste en ce que l'on peut se dispenser d'épargner la fonte en Angleterre, où elle est à bas prix, et où en général l'élévation des dépenses n'est pas un obstacle à l'exécution des travaux, tandis qu'en France la fonte est chère, et que la réalisation d'un projet est presque toujours subordonnée aux taux des dépenses.

Si j'avais voulu établir les dimensions de mes fontes d'après l'analogie de celles du pont de Southwark, le pont du Carrousel aurait coûté au moins un million et demi (1), et alors je n'aurais pu l'exécuter, car, malgré l'économie du système que j'ai adopté, ce n'est qu'avec beau-

(1) Le poids total du métal employé au pont de Southwark, y compris celui du plancher, est de 5,660,000 kilogr., dont 50,000 kilogr. en fer forgé.

Dans le pont du Carrousel, dont la longueur est moindre d'un tiers et la largeur moindre d'un dixième que celle du pont de Southwark, mais dont le plancher est en charpente, on n'a employé que 768,000 kilogr. de fontes et 53,000 kilogr. de fer forgé.

On pourrait exécuter un pont des dimensions du pont de Southwark, dans le système du pont du Carrousel, avec 1,800,000 kilogr. de fontes et 120,000 kilogr. de fer forgé.

coup de peine que j'ai pu parvenir à ne pas dépasser la somme de 900,000 francs. Les conditions si rigoureuses de l'adjudication m'ont forcé d'approcher fort près de la limite raisonnable, en sorte que la possibilité de réaliser un système, dont la bonté est aujourd'hui suffisamment constatée, pouvait être compromise, et l'utilité publique, qui doit résulter de son succès, être annulée par suite de la rigueur des clauses de l'adjudication, rigueur souvent fatale aux créations nouvelles, qui ont toujours besoin d'une certaine latitude et même d'encouragement.

Qualité des fontes.

Dans mon opinion, les dimensions que j'ai données aux pièces principales du pont du Carrousel seraient près des limites que devait assigner la prudence, si j'avais employé des fontes communes et les procédés d'assemblage ordinaires; mais je pense qu'il y a un excès de force assez notable, et qu'il est dû à la fois au système adopté et à la cohésion des fontes. Leur excellente qualité est due à l'habileté et aux soins apportés par M. Emile Martin dans la préparation, dans le moulage et dans le coulage des fontes.

Il avait déjà reconnu, en faisant de nombreux essais pour obtenir des fontes d'une grande résistance pour les canons de marine, qu'en mêlant des fontes de qualités différentes dans certaines proportions, on obtenait un métal plus serré, plus homogène et plus résistant que chacun de ses composants.

Il a moulé en sable d'étuve, avec une seule coulée au centre, pour avoir un écoulement égal de part et d'autre sans soudures de coulées séparées.

Il est parvenu à couler ces grands voussoirs presque sans voilure, en donnant au moule une courbe inverse de celle que leur faisait prendre le retrait produit par le refroidissement et qui donnait de 2 à 3 centimètres de devers.

Le refroidissement étant lent, le retrait n'a été que d'environ un millième.

J'avais engagé M. Emile Martin à essayer de couler à moule fixe; il a pensé que l'on pouvait y parvenir pour des fontes unies, mais le temps ne lui a pas permis de faire exécuter ce moule qui, devant avoir une très grande précision, aurait exigé un long travail, et qui pouvait encore ne pas réussir immédiatement : néanmoins, on doit espérer que l'on pourra, après des essais préalables, arriver à ce résultat qui permettrait d'exécuter plus vite et à meilleur marché.

La quantité de fonte à fournir à la fois n'a pas permis d'employer pour le fondage le four à manche, on s'est servi du four à réverbère. On fondait à la fois 10,500 kilogr., et l'on maintenait le fondage le plus longtemps possible, en sorte que la fonte en fusion conservait une température très élevée et très régulière, qui a contribué puissamment à la bonté et surtout à l'homogénéité du métal.

Ce mode de fusion a encore eu un très grand avantage, celui de permettre de fondre très rapidement; en effet on a fondu ainsi près de 600,000 kilogr. de pièces de fonte en deux mois et demi, et on a eu peu de pièces à rebuter.

Pour donner une idée de la supériorité de la fonte obtenue par ces procédés, je citerai une expérience que j'ai faite à la fonderie de Fourchambaut, en présence de M. Emile Martin et de M. Thierry, officier d'artillerie très distingué (1).

Épreuve des fontes à Fourchambaut.

Un segment d'arc demi-cylindrique, ayant 3 à 4 soufflures de 1 à 2 centimètres de profondeur vers le milieu, fut rejeté, mais au lieu de le casser simplement, je le fis servir à une épreuve. Il fut posé, par la partie plane, sur deux solives de 12 centimètres de largeur, placées cha-

(1) M. le capitaine Thierry faisait alors exécuter, d'après l'autorisation de M. le maréchal Soult, des affûts de canon en fonte et en fer de sa composition, dans lesquels il était parvenu, par une habile combinaison des deux métaux, à obtenir à la fois une grande force et une grande légèreté, avec beaucoup de facilité pour les rechanges de pièces. Il les a décrits et en a exposé les avantages, avec clarté, dans un mémoire spécial d'un grand intérêt pour les hommes d'art. Ces affûts, soumis à des épreuves à outrance, ont été brisés à coups de boulets. Les adversaires de cette innovation ont dit que les éclats de la fonte et du fer seraient plus dangereux pour les artilleurs que ceux des affûts en bois : cette objection ne peut être considérée comme un motif suffisant pour rejeter ce genre d'affûts. On peut remédier au danger signalé par plusieurs moyens; et l'on doit espérer que l'habile officier, qui a conçu et réalisé ce projet, saura le perfectionner de manière à permettre de jouir, sans appréhension fondée, des avantages manifestes qu'il présente, avant que les étrangers s'en soient emparés.

cune à un demi-mètre en dedans des bords extrêmes, en sorte que l'intervalle entre les deux appuis était d'un peu plus de 3 mètres.

Je fis charger cette pièce avec des saumons en fonte placés transversalement sur son dos, et empilés de manière à former, par leur ensemble, un prisme triangulaire dont la face qui reposait sur le demi-cylindre avait plus de 2 mètres de largeur. La totalité des fontes qui purent être accumulées ainsi, pesait environ 20,000 kilogr.

Sous cette charge, le segment prit une courbure dont la flèche, au milieu, avait près d'un centimètre; on la laissa quinze heures; elle augmenta, pendant la nuit, de 2 millimètres, sans aucun signe de rupture. Le lendemain, ne pouvant plus ajouter de fontes, je fis tomber sur le sommet de cette masse, directement au-dessus du milieu de la pièce, un mouton en fonte de 700 kilogr., d'abord de 1 mètre de hauteur, en augmentant successivement son élévation de mètre en mètre, à chaque coup, jusqu'à 7 mètres.

Les derniers coups faisaient fléchir le milieu du segment à près de 3 centimètres, en contre-bas de la ligne horizontale passant par les points d'appui; après le coup, il se relevait d'environ 1 centimètre. On le laissa encore deux heures sous la charge, sa courbure ne changea pas, et comme rien n'annonçait la rupture, je fis décharger pour reconnaître si le ressort et l'élasticité du métal étaient altérés. Je fus surpris de voir le milieu du segment se relever doucement à mesure qu'on le déchargeait; après le déchargement, il n'avait plus qu'une courbure de 2 millimètres 1/2 sur le bord correspondant à la partie convexe et supérieure de l'arc, et 1 millimètre 1/2 sur le bord intérieur et concave. Cette résistance extraordinaire d'un seul segment demi-cylindrique avec des soufflures, résistance qui a dépassé de beaucoup mes évaluations et mes prévisions, peut faire juger celle que doit avoir un cylindre composé de deux pièces semblables liées ensemble de manière à les rendre solidaires, et à former un cylindre complet. Si l'on considère ensuite la supériorité considérable de la résistance du même cylindre dans le sens vertical, avec addition des renforts de ses collets, on sera porté, je pense, à conclure, comme je l'ai dit plus haut, que la résistance réelle de mes arcs est bien supérieure à l'effort qu'ils ont à supporter.

J'ai fait mettre en réserve un segment sain qui avait été préparé pour le cas de rebut ou d'accident pendant la construction, et qui n'a pas été nécessaire, dans l'intention de le faire servir à des expériences, lorsque l'administration le désirera. J'ai fait venir également des voussoirs du petit pont de Vandenesse, pour les soumettre à des expériences comparatives avec et sans âmes en bois.

Les calculs comparatifs et les applications des formules connues étant, selon moi, tout à fait insuffisants pour baser une théorie certaine, je n'ai point cherché à en établir, et je me suis borné à juger par des analogies tirées des faits les mieux constatés et par le sentiment que donne l'habitude de l'exécution des ouvrages d'art. Je me contenterai donc de présenter quelques faits pour les personnes qui désireront faire des comparaisons et, par suite, de rechercher une théorie spéciale pour les ponts de ce système : les faits et les données que présente le pont du Carrousel pourront maintenant servir de base à des calculs pour des ponts *semblables*, pourvu que l'on ne perde pas de vue la condition essentielle de la *qualité* de la fonte.

Bien que je ne considère pas les données comparatives de deux ponts de systèmes différents, comme suffisantes pour des bases de calculs, relativement aux résistances, il peut être utile de faire connaître quelques unes des données comparatives du pont d'Austerlitz et du pont du Carrousel

DONNÉES COMPARATIVES

DE QUELQUES UNES DES PARTIES COMPOSANTES DU PONT D'AUSTERLITZ ET DU PONT DU CARROUSEL.

	PONT D'AUSTERLITZ.	PONT DU CARROUSEL.
Ouverture totale entre les culées.	178m. 00	151m. 00
Nombre des fermes.	7 »	5 »
Espacement des fermes.	2m. 00	2m. 80
Cordes des arcs.	33m. 00	47m. 70
Flèche.	3m. 30	4m. 90
Poids des fontes et fers d'une arche.	173,000k.	256,000k.
Poids de son plancher avec ses trottoirs et sa chaussée.	450,000k.	290,000k.
Poids total d'une arche.	623,000k.	546,000k.
Et pour la totalité des arches.	3,115,000k.	1,638,000k.
Surface de la section d'un arc.	0m.q. 303	0m.q. 076
Surface de section de tous les arcs d'une arche.	0m.q. 212	0m.q. 38
Hauteur des arcs.	1m. 30	0m. 86
Surface d'appui d'un arc contre un coussinet.	0m.q. 26	0m.q. 85
Surface d'appui des fermes d'une arche sur tous les coussinets d'une culée ou d'une pile. .	1m.q. 82	4m.q. 20
Frais d'exécution.	2,000,000 fr.	900,000 fr. (1)

(1) La dépense totale faite par la Compagnie a été de 1,069,000 francs; mais pour avoir la dépense réelle du pont proprement dit, il a fallu défalquer du montant général des dépenses, 1° le prix des rampes du port Saint-Nicolas dont on a mis la reconstruction à la charge de la

En établissant les calculs comparatifs entre les données correspondantes de ce tableau, on trouve les résultats suivants :

La quantité de métal employée dans le pont d'Austerlitz excède de 130,000 kilogr. le poids du métal employé dans le pont du Carrousel.

La somme des surfaces de sections des sept arcs du pont d'Austerlitz est inférieure de plus de moitié à la somme des sections des cinq arcs du pont du Carrousel.

La somme des surfaces d'appui des coussinets des sept fermes du pont d'Austerlitz n'est que la moitié de la somme des surfaces des embases d'appui des cinq fermes du pont du Carrousel.

Dans le pont d'Austerlitz, la somme des sections des sept arcs étant de $0^{m.q.}$ 212 et le poids total d'une arche de 623,000 kilogr., la pression exercée par la charge entière sur l'un des joints serait de 2^{k}. 89 par millimètre quarré.

Dans le pont du Carrousel, la somme des surfaces de sections des cinq arches étant de $0^{m.q.}$ 38 et le poids total d'une arche de 546,000 kilogr., le joint d'un arc n'éprouverait, sous la charge totale, qu'une pression de 1^{k}. 44 par millimètre quarré.

Et quand le pont est chargé complétement, c'est-à-dire de 200 kilogr. par mètre quarré, la pression ne peut être de plus de 1^{k}. 70 par millimètre quarré (1).

---

concession; 2° les 80,000 francs exigés et versés dans les caisses de l'État pour les ornements accessoires, qui ne sont pas encore placés; 3° le prix de la concession, et 4° enfin les frais d'administration et de surveillance des travaux, qui se sont élevés ensemble à environ 169,000 francs, et, avec le bitumage des trottoirs, exécuté postérieurement, à 173,000 francs.

(1) Ces chiffres ne doivent pas être pris comme indication de la pression réelle éprouvée par la surface de l'un des joints, mais seulement comme le maximum possible de cette pression; en effet, la charge entière ne peut jamais affecter un seul joint de toute la pression qu'elle peut produire, d'abord parce qu'elle se partage entre les deux moitiés des arcs séparées par les clefs, et ensuite parce que les joints sont pressés inégalement, en raison de leur distance du sommet des arcs; mais ces différences étant les mêmes pour l'un et l'autre pont, la comparaison des résultats maxima est suffisamment exacte pour exprimer le *rapport* entre les *pressions* qu'éprouvent les joints de chacun d'eux.

La différence comparative des dépenses ne doit pas être établie d'après les chiffres des frais d'exécution de chacun des deux ponts, d'abord parce que le pont d'Austerlitz a un peu plus de largeur, et 28 mètres ou près d'un sixième de longueur de plus, que le pont du Carrousel, et ensuite parce qu'à l'époque de la construction du premier pont, le prix des fontes était plus élevé que lors de l'exécution du second : en tenant compte de ces différences et en supposant que l'on construise actuellement deux nouveaux ponts sur ces deux modèles, on peut porter à un tiers environ la différence en moins des frais d'exécution pour le pont du Carrousel.

En résumant les résultats des comparaisons qui précèdent, on peut dire que les conséquences du système adopté pour le pont du Carrousel, sont de donner, avec moins de dépense, plus de légèreté, plus de force de résistance, plus de facilité d'exécution, plus de stabilité et de sécurité (1), et une facilité beaucoup plus grande pour le remplacement des pièces composantes.

DILATATION ET VIBRATIONS DES ARCS.

La théorie, très incomplète, des ponts en fonte était encore insuffisante pour l'appréciation exacte des effets produits par les alternatives de dilatation et de retrait, causées par les changements de température et par les vibrations. Je cherchai vainement à m'en rendre compte par avance, et je fus obligé de me reposer sur les motifs de sécurité puisés dans l'exemple du pont de Southwark. J'avais appris à Londres que l'on avait observé que, lors des grandes chaleurs, les arcs s'élevaient au milieu, et qu'ils s'abaissaient par le froid, sans que ces deux effets en sens contraires eussent produit aucune rupture. J'en conclus que

(1) On sait que les ruptures nombreuses qui se sont manifestées dans le pont d'Austerlitz, peu après son décintrement, et qui se sont multipliées progressivement ensuite par l'effet des vibrations, auraient depuis longtemps déterminé sa chute, si l'on n'y avait remédié au moyen d'une multitude d'étriers et de brides en fer forgé.

la dilatation et le retrait, se produisant progressivement et, à très peu près, proportionnellement (1), dans toutes les pièces d'un arc frappé par les rayons du soleil, les rapports de ces pièces n'éprouvaient pas de changements sensibles, et que grâce à la faculté qu'ont les sommets des arcs de s'élever quand leur tension devient supérieure à la résistance qui résulte de leur poids, il ne s'opère aucun mouvement dangereux dans les assemblages ni contre les points d'appui. Les mouvements dans les assemblages, produits par la dilatation et le retrait, se réduisent à de légers écartements dans les joints qui se serrent un peu plus à l'intrados par la chaleur, et à l'extrados par le froid.

Ces effets sont si peu prononcés qu'il n'en est pas même résulté de fissures dans la couche de peinture qui recouvre les joints; quelques-uns des joints, à la vérité, sont écaillés, mais cet effet, qui est partiel, est dû évidemment à l'action chimique de l'air et de l'humidité sur le ciment ferrugineux dont ces joints ont été garnis, et non pas aux effets de la dilatation ni des vibrations.

La parfaite conservation du pont de Southwark prouvait suffisamment que les mouvements alternatifs des joints, qui ont lieu deux fois en vingt-quatre heures dans deux sens opposés, par suite des différences de température du jour et de la nuit, n'avaient aucun inconvénient pour les pièces si fortes et si bien assemblées qui composent ce pont; mais je ne trouvais pas encore là un motif de sécurité suffisant pour me rassurer sur les conséquences de ces effets au pont du Carrousel, surtout en pensant qu'à raison de sa légèreté, il devait vibrer davantage, et que l'effet propre des vibrations devait s'ajouter aux effets des dilatations.

Je ne redoutais rien pour les segments, mais je craignais que la répétition si fréquente des mouvements de joint, dus à ces deux

(1) La différence la plus marquée dans les effets de dilatations, doit être celle qui concerne le rapport entre l'allongement de l'extrados et celui de l'intrados d'un grand arc; et il résulte du calcul de ce rapport, que la différence entre ces deux allongements, pour un arc comme celui de l'arche centrale du pont de Southwark, la plus grande qui existe, ne serait que d'environ un millimètre, pour une variation de température de 30 degrés.

causes, ne finît par ébranler, et par faire sortir peu à peu de leurs logements, les cales cunéiformes des joints.

Ce danger était grave, parce qu'alors les arcs, perdant leur tension, eussent perdu en même temps leur force et leur stabilité : c'est pour parer à ce danger que j'ai fait fixer les cales par des goupilles placées dans leurs joints, de manière que la moitié de leur épaisseur soit logée dans le coin et l'autre moitié dans la fonte de l'arc, en sorte que les cales ne peuvent ni s'élever ni s'abaisser.

Lorsque les arcs n'étaient pas encore couverts par le plancher, et qu'ils recevaient les rayons du soleil du matin jusqu'au soir, ils s'élevaient très sensiblement. Dans le mois d'août, le thermomètre de Réaumur marquant 22 degrés à l'ombre, le sommet d'un arc était de 5 centimètres plus élevé qu'il ne l'était le matin du même jour, à une température de 12 degrés.

Depuis que le plancher est établi, les arcs ne recevant plus l'action du soleil que sur une de leurs faces et pendant une partie du jour seulement, je n'ai pas observé de surhaussement de plus de 2 centimètres 1/2. L'abaissement produit par un froid de près de 8 degrés au-dessous de zéro, a été de 2 centimètres, comparativement à la hauteur existante à la température moyenne de 12 degrés; en sorte que l'amplitude des mouvements des arcs, dus à une différence de 30 degrés, était de 7 centimètres avant le recouvrement par le plancher, et n'est que de 4 centimètres 1/2 seulement pour les arcs de rive, depuis qu'ils sont couverts.

Les arcs intérieurs ne recevant pas l'action du soleil, se dilatent beaucoup moins que les arcs de rive. J'avais quelque crainte que cette différence, qui tend à faire prendre aux entretoises une flexion oblique accompagnée d'un léger effet de torsion, ne causât des ruptures, et c'est là un des motifs qui m'ont décidé, comme je l'ai expliqué précédemment, à établir des articulations entre les extrémités des entretoises obliques et leurs semelles, au lieu de les couler ensemble d'une seule pièce; cependant n'ayant pas reconnu d'effet ni de mouvement sensible dans ces articulations, je suis porté à croire que l'élasticité propre des bonnes fontes suffit pour résister aux efforts dont je viens de parler, parce qu'en effet ils sont modérés; mais il faut que les entretoises soient en fonte douce, et cependant tenace comme celle des arcs, tandis que les anneaux peuvent être en fonte de qualité inférieure : ceux du pont du Carrousel sont en fonte truitée, ainsi que leurs liens.

Plusieurs personnes ont paru étonnées, et même inquiétées, du balancement que l'on éprouve sur le pont, quand il y passe une voiture et même un cheval au trot, ou bien encore une compagnie de soldats marchant au pas. Loin que ces balancements puissent être un motif d'inquiétude, ils sont faits pour rassurer ceux qui connaissent les grandes constructions en métal ou en charpente. Ces substances, étant de leur nature fort élastiques, doivent conserver cette propriété, quand elles sont liées convenablement ensemble. Par cette raison, les grands arcs en fonte ou en bois doivent nécessairement vibrer quand ils sont assez bien assemblés pour présenter les caractères qu'auraient des arcs d'une seule pièce de bois ou de métal : cela est si vrai que l'absence de vibrations dans des ponts de ce genre, lorsqu'il y passe de fortes charges, doit être considérée comme un sujet d'inquiétude plus sérieux que des vibrations prononcées, et que, dans mon opinion, l'absence de cet effet naturel serait un indice de vices graves dans les assemblages.

TROISIÈME SECTION.

PERFECTIONNEMENTS PROJETÉS DANS LA DISPOSITION DE QUELQUES PIÈCES.

J'ai annoncé, à l'article des entretoises, que je m'étais occupé de modifier, dans les nouveaux ponts en fonte que j'aurais à exécuter, l'assemblage de ces pièces avec les arcs, à cause de la difficulté que l'on éprouve à placer les semelles d'appui dans les intervalles des anneaux et de la nécessité qui en résulte de faire des entretoises de longueur inégale. J'avais aussi songé à changer les portées des anneaux sur les arcs, et à renforcer les arcs eux-mêmes dans le sens transversal, pour augmenter leur résistance au déversement latéral, qui est le plus à craindre.

Le Conseil général des ponts et chaussées ayant décidé qu'un pont à exécuter sur l'Eure, à Louviers, serait exécuté en fonte dans le système du pont du Carrousel, consulté à ce sujet par l'ingénieur de l'arrondissement, je profitai de cette occasion pour lui proposer de faire à ce pont l'application des perfectionnements que j'avais en vue, et dont je lui communiquai l'étude détaillée. Le projet, fait avec ces applications nouvelles, ayant été approuvé depuis par le Conseil et par M. le Directeur général, je suis fondé à les présenter comme un véritable perfectionnement.

Les nouvelles entretoises s'appuient toutes sur le milieu de la convexité des arcs (Fig. 1 et 2, pl. VIII); les deux semelles concaves qui s'appliquent des deux côtés opposés d'un arc, sont fixées et serrées contre cet arc, au moyen d'un boulon DD qui traverse à la fois les trois pièces. L'appui des entretoises contre le milieu des arcs me paraît préférable a l'appui actuel contre les collets (qui cependant est suffisant), parce que cette nouvelle disposition présente une portée plus large, que par ce moyen l'appui se fait directement et régulièrement contre le milieu de l'arc, qui est la partie la plus forte, et que l'assemblage est plus simple et plus facile.

J'ai persisté dans la combinaison des entretoises droites et des entretoises obliques avec des tirants en fer forgé de distance en distance, parce que je la crois bonne; mais j'en ai changé les dispositions, comme on le voit dans la fig. 1re, pl. VIII, parce que le nombre pair des fermes exigeait une modification spéciale, et ensuite parce que j'y trouve une économie notable et une grande facilité d'assemblage.

J'ai également continué à séparer les semelles d'appui des tiges des entretoises, bien que j'aie fait observer plus haut que cette séparation n'est pas indispensable, et cela par trois motifs : le premier est une sécurité plus grande en cas d'imperfection dans l'exécution de quelques parties; le second consiste dans la faculté de régler facilement la tension, au moyen du coinçage, entre le fond des chapes et les tenons des semelles, tandis que si les semelles n'étaient pas séparées, il faudrait coincer entre la face concave des semelles et le bombement de l'arc : or ce coinçage curviligne ne pourrait être bon, et de plus, réduisant la portée de la semelle sur les arcs à quelques points, il pourrait causer des ruptures dans les fortes pressions; le troisième motif est la facilité que donne la pose libre et isolée de chaque semelle, de s'assurer d'une bonne juxta-position et d'une portée régulière contre l'arc. Si les semelles étaient fixées aux tiges d'entretoises, il résulterait de la moindre déviation dans ces tiges, et du moindre défaut de parallélisme des deux faces des semelles (parallélisme extrêmement difficile à obtenir), que l'une des semelles portant sur un arc, la semelle opposée ne toucherait l'arc voisin que d'un côté, et qu'elle ne pourrait plus correspondre exactement avec le boulon qui traverse à la fois les deux semelles fixées contre les côtés opposés des arcs. Au moyen de la séparation des semelles, leurs assemblages sur les arcs sont toujours sûrs et faciles; et s'il y a quelques défauts de régularité dans les tiges des entretoises, on y remédie très aisément en modifiant les cales de coinçage, et en burinant un peu au besoin les tenons des semelles.

Les entretoises droites se bifurquent aux points d'appui sur les arcs, tant pour augmenter la largeur de leur portée que pour donner la facilité de tourner l'écrou du boulon central des semelles.

Le changement fait aux collets des arcs consiste dans une augmentation de leur écartement et dans l'addition de deux diaphragmes AA (Fig. 15, 16 et 18, pl. II, et Fig. 2 et 3, pl. VIII) qui leur sont perpendiculaires. Ces diaphragmes, qui s'appuient l'un contre l'autre, ont, de distance en distance, de petits évidements, tant pour faciliter le coulage du bitume ou du ciment dont on remplit les arcs, que pour avoir des portées de peu de longueur, parce qu'alors il est facile d'assurer l'appui complet de ces portées les unes contre les autres, au moyen d'un simple ajustement au burin ou à la lime. On a logé les boulons dans les diaphragmes, et on les a renflés en forme de fourreau B au passage de ces boulons, pour mieux assurer le serrement exact des portées les unes contre les autres.

Il est facile de reconnaître que ces doubles diaphragmes, qui font fonctions de côtes de renfort, ajoutent beaucoup à la résistance des arcs dans le sens transversal.

L'écartement des collets a encore eu un autre but, savoir : de permettre de faire porter directement les doubles lames verticales CC des anneaux sur ces collets, parce que ce sont les parties des arcs qui présentent le plus de résistance dans le sens vertical, tandis que, quand les collets sont rapprochés, comme dans le pont du Carrousel, on est obligé de les enchâsser entre les lames des anneaux, et de faire porter celles-ci sur des épaulements au-dessus de l'origine du bombement des arcs, qui a nécessairement moins de force de résistance que les collets, contre une pression verticale.

A la vérité, on perd, par ce changement, l'avantage du maintien naturel des anneaux en place par la seule interposition des collets entre leurs lames en façon de tenon, mais il est facile de les fixer, si ce n'est avec autant de force, au moins bien suffisamment, pour résister aux efforts très peu puissants qui tendraient à les déplacer.

On remplit ce but au moyen de cales à rosettes qui se placent de part et d'autre des points de tangence des anneaux, à peu près comme les bobines enroulées d'un ruban de fer, décrites plus haut en parlant des anneaux du pont du Carrousel.

On voit la situation de ces cales dans les fig. 15, 16 et 17 de la pl. II, et les détails de leur forme dans les fig. 19, 20, 21 et 22. L'examen de ces figures suffira pour faire comprendre la forme et l'emploi de ces pièces. Chacune de ces cales a deux têtes ou rosettes RR, réunies par un axe en fonte. Cet axe porte dans son milieu un renflement rectangulaire S (Fig. 15, 16, 19, 20, 21 et 22) formant deux saillies, l'une au-dessus, et l'autre au-dessous de cet axe. La saillie inférieure de ce renflement entre dans la gorge de l'arc, c'est-à-dire dans l'intervalle qui sépare ses deux collets, et la saillie supérieure se loge dans la gorge de l'anneau. L'usage de cette pièce est de s'opposer à tout déplacement latéral de l'anneau.

Les parties des axes de ces cales, qui sont comprises entre les renflements rectangulaires et les rosettes, s'appuient et se logent dans les angles que forment les rencontres des lames des anneaux avec les collets des arcs, elles y remplissent les fonctions de coins de calage. La coupe de ces coins présente la forme d'un triangle curviligne, dont une face a la courbure de l'arc, et l'autre la courbure de l'anneau correspondant (comme on le voit dans les Fig. 20 et 22, pl. II).

Pour maintenir ces cales en place et les serrer à volonté, on réunit les deux cales correspondantes, qui sont placées de chaque côté du point de tangence d'un anneau, au moyen d'un petit boulon T (Fig. 19 et 20) qui traverse les renflements rectangulaires dans leur milieu et passe dans la gorge de l'anneau.

Ces pièces remplissent les mêmes fonctions que les bobines du pont du Carrousel, en ce qu'elles servent à prévenir le roulement des anneaux, et surtout à étendre et à multiplier leurs points d'appui sur les arcs, mais elles calent mieux et sont plus faciles à placer.

Des pièces semblables sont placées de chaque côté des points d'appui des longerons du plancher sur les anneaux.

Longerons en fonte.

Lorsque je fis le premier projet du pont du Carrousel, j'avais l'intention de faire exécuter les longerons du plancher, et même les pièces de pont, en fonte, afin de n'avoir à remplacer que le tablier. Ces longerons étaient semblables en tout aux arcs, avec cette différence qu'ils étaient de forme cylindrique au lieu d'être elliptiques; les pièces de pont étaient en forme de double T, c'est-à-dire, qu'elles étaient composées de deux lames parallèles horizontales, réunies longitudinalement dans leur milieu par une lame verticale avec de forts congés.

Les conditions si rigoureuses de l'adjudication me forcèrent à renoncer à cette intention et à faire ces pièces en charpente, comme au pont d'Austerlitz (1). Il aurait assurément mieux valu, dans l'intérêt public, accorder plus de facilités pour l'exécution et une plus grande durée de concession, et avoir un pont entièrement en fonte. Ceci prouve qu'au lieu de chercher sans cesse à gêner ou à restreindre les facultés des personnes qui sont disposées à exécuter des travaux publics à leurs frais, en leur imposant, comme on le fait souvent, des obligations trop rigoureuses, il vaudrait mieux, en adoptant des principes d'administration plus libéraux et plus élevés, donner aux concessionnaires la latitude et la liberté nécessaires pour exécuter, le mieux possible, les ouvrages dont ils sont chargés, et dont la bonne exécution profite

---

(1) Si les sociétés concessionnaires de ces deux ponts avaient eu de longues concessions, elles auraient pu faire les dépenses nécessaires pour établir des planchers entièrement en fonte, comme on l'a fait au pont de Southwark. Pour le pont du Carrousel, dont la concession est si courte, la société concessionnaire a cependant fait des sacrifices, auxquels elle n'était pas absolument obligée, pour assurer le plus possible la force et la durée du pont : ainsi elle a fait augmenter de 3 millimètres l'épaisseur primitivement proposée pour les fontes des arcs; elle a consenti également à fortifier les entretoises obliques et elle a fait couvrir les faces extérieures des longerons de rive du plancher d'une frise en fonte pour les garantir contre les actions atmosphériques et pour l'harmonie du coup-d'œil.

à l'État et au public, auxquels ils appartiennent au terme de la concession.

A la vérité, pour suivre ces principes d'intérêt public bien entendu, il faudrait abandonner les errements suivis jusqu'à ce jour et renoncer, pour les travaux importants, et surtout pour ceux qui tiennent au progrès de l'art, au système de concurrence et d'adjudication, dont les inconvénients sont si manifestes qu'il n'est pas un particulier qui l'adopte pour ses propres travaux, quand ils exigent de l'art et des soins.

Le seul motif valable, donné en faveur de ce système, est le danger des accusations de partialité ou de faveur, qui pourraient s'élever contre l'administration, mais il est facile de remédier à ces inconvénients, en conférant le pouvoir d'accorder des concessions directes à des commissions spéciales assez nombreuses et composées de personnes haut placées par leur situation sociale et par leur caractère, lesquelles, après une instruction faite avec une sorte de publicité, rendraient des décisions motivées.

On voit de fréquents exemples de ce système d'administration en Angleterre, où les concessions de travaux publics se donnent presque toujours directement, et sont décidées par des commissions spéciales de membres du Parlement. La supériorité de ce mode de concession sur celui que l'on suit en France, est suffisamment prouvée par la perfection et par l'immense développement des ouvrages d'utilité publique qui s'exécutent dans ce pays, et qui contribuent si puissamment à sa supériorité commerciale et à son étonnante prospérité.

QUATRIÈME SECTION.

FAITS ET OBSERVATIONS.

DURÉE DES TRAVAUX.

Le pont a été exécuté en quatorze mois. J'avais promis de l'achever en un an; le retard de deux mois a été causé uniquement par le retard de plusieurs pièces de fonte importantes. On peut toujours, dans des circonstances ordinaires, exécuter un pont de ce genre en un an, en commençant à l'époque des basses eaux (1).

Il n'y a point eu, pour ce pont, de pose de première pierre, parce que cette cérémonie nous a paru sans intérêt et en quelque sorte ridicule, attendu qu'elle n'est réellement qu'un vain simulacre. Le dépôt d'inscriptions ou de monnaies pouvait avoir un but d'utilité avant l'imprimerie, mais actuellement, les traditions se conservent assez bien pour que l'on puisse retrouver mieux dans les livres que dans des fouilles accidentelles, les traces de l'origine des monuments de quelque importance. Il nous semble qu'il serait plus utile d'établir visiblement sur chaque monument une plaque de fonte ou de bronze, sur laquelle on inscrirait, lors de son inauguration, les faits principaux qui se rattachent à son exécution. Ces inscriptions visibles instruiraient mieux que celles qui sont enfoncées sous les fondations, les générations subséquentes de l'historique des monuments qu'elles auront sous les yeux.

(1) La construction du pont des Arts a duré trois ans, et celle du pont d'Austerlitz plus de cinq ans.

Il en résulterait encore cet avantage que les auteurs de ces constructions et ceux qui y ont coopéré, y trouveraient une juste récompense de leurs travaux, et que le désir de voir graver son nom sur un monument durable deviendrait, pour les hommes de l'art, un stimulant puissant et profitable à la société; car les éloges décernés du vivant de ceux qui les méritent, excitent bien plus sûrement l'émulation pour les créations d'utilité publique, que les simples traditions et les éloges prononcés après la mort.

OUVERTURE ET INAUGURATION DU PONT.

Le 30 octobre 1834, le pont étant entièrement terminé, le Roi a bien voulu en faire l'inauguration, en présence de M. Thiers, Ministre des travaux publics, de M. Legrand, Directeur général des ponts et chaussées, de M. le comte de Rambuteau, Préfet de la Seine, et des Maires des deux arrondissements auxquels ce pont ouvrait une nouvelle communication. M. le Directeur général des ponts et chaussées a adressé au Roi un discours dans lequel, après avoir signalé les influences de la paix, de la sagesse du gouvernement et de la sécurité publique sur le développement des arts utiles et avoir cité plusieurs créations nouvelles qui leur sont dues, il disait en parlant du nouveau pont :

« Peu de mois ont suffi aux efforts de l'art et à ceux de l'industrie » particulière, pour créer un monument dont l'élégante structure et » dont les formes hardies et légères n'altèrent en rien la solidité.

» Le pont du Carrousel, élevé sur un plan nouveau et dans un » système aussi ingénieux qu'économique, est destiné sans doute à » ouvrir une ère nouvelle pour ce genre de construction.

» Je remplis un devoir, Sire, en signalant à vos augustes suffrages, et » les talents de l'ingénieur qui en a conçu le projet et dirigé les » travaux et le concours de la Compagnie qui ne s'est refusée à aucun » sacrifice pour que le pont, objet de sa spéculation, soit en harmo- » nie parfaite avec les monuments qui l'entourent. »

Le Roi a adressé des paroles bienveillantes à l'auteur, et lui a décerné les récompenses les plus précieuses auxquelles il pouvait prétendre, en donnant à son œuvre le titre de *Pont-modèle*, et en lui remettant la décoration d'*Officier de la Légion-d'Honneur.*

La Société, voulant célébrer l'inauguration de son pont par un acte de bienfaisance, a consacré aux pauvres le produit du premier jour de passage, qui a été considérable, et qui a été perçu par des dames de charité des deux arrondissements limitrophes.

Désignation des personnes qui ont concouru à l'exécution du pont du Carrousel.

Les hommes de l'art qui ont concouru à la construction du pont du Carrousel sont :

M. Emile Martin (de Fourchambaut), pour les fontes des arcs et des entretoises;

M. Edwards, ingénieur, et MM. Scipion Périer et Alphonse Chaper, tous trois administrateurs de la fonderie de Chaillot, pour les fontes des tympans et de la balustrade, et pour l'ajustement et la pose de toutes les fontes et de tous les fers forgés des arches;

Pour la charpente des échafauds et du plancher, M. Mazet, entrepreneur de charpente, et Pierron, dit Lyonnais, l'un des meilleurs et des plus habiles gâcheurs-charpentiers de Paris;

M. Collin, pour les fondations et les maçonneries de la culée et de la pile gauche, et M. Victor Lemaire, pour les fondations et les maçonneries de la pile et de la culée droite;

M. Leconte, jeune architecte très instruit et d'un mérite très distingué, m'a secondé très efficacement et très utilement dans la direction et dans la surveillance de tous les travaux.

Les capitalistes, signataires de la Société en commandite, et qui ont fait les fonds nécessaires pour l'exécution du pont du Carrousel, sont :

M. le baron Carayon-Latour, receveur général de Bordeaux, qui le premier, et presque seul alors, a su reconnaître et apprécier le mérite financier de l'opération, malgré la réprobation aveugle et généralement répandue de presque tous les capitalistes de Paris, et qui a souscrit pour 300,000 francs;

M. le général du génie vicomte Rogniat, pair de France, beau-frère de M. Carayon : consulté par son beau-frère sur la confiance que méritait le nouveau système proposé, il n'a pas craint, après un mûr examen, de répondre de sa bonté, et de prouver sa confiance dans le succès en offrant de concourir à son exécution pour 100,000 francs;

M. le vicomte Cavaignat, lieutenant général, beau-frère des deux précédents, et qui a souscrit également pour 100,000 francs;

Les autres fondateurs étaient MM. le comte Maxime de Puységur; le baron Meyronet de Saint-Marc, conseiller à la Cour de cassation; le baron Michel de Saint-Albin, ancien receveur général; Reizet, receveur général à Rouen; Baudon, receveur général à Lille; Lheureux, capitaine d'état-major; Armand de Saint-Cricq; Henri Roger, propriétaire; et madame veuve des Emblois.

M. Alexis Borde, banquier, était le mandataire des fondateurs et le gérant responsable de cette entreprise, qu'il a parfaitement administrée. J'ai eu beaucoup à me louer de mes rapports habituels avec lui dans ces travaux où j'avais tant de préoccupations, et dans lesquels je me suis trouvé heureux de n'éprouver aucune des difficultés ni aucun des désagréments si fréquents dans les travaux des compagnies.

Cette opération s'est faite de la manière la plus honorable. Les fondateurs ont conservé entre eux et quelques amis toutes les parts d'intérêt, et n'ont émis d'actions qu'après l'ouverture du pont.

La Société était en commandite, avec l'intention de se constituer en société anonyme le plus tôt possible; mais les formalités sont si déplorablement lentes, que, malgré les garanties si complètes que présentait cette Société, bien que sa gestion financière ait été un véritable modèle, et bien que les travaux aient été faits avec autant de soin et de solidité que les travaux du gouvernement, la demande de la constitution anonyme, remise en 1833, n'a été accordée que le 13 mai 1837, c'est-à-dire trois ans après l'exécution du pont. Un Anglais, auquel on racontait ce fait et les difficultés diverses qu'il a fallu vaincre pour réaliser ce projet, répondit que cet exemple suffisait pour expliquer la différence des progrès de l'industrie en France et en Angleterre.

Il est digne de remarque, et il est bon de le citer pour prévenir de semblables erreurs à l'avenir, que parmi les demandes faites comme conditions exigées pour autoriser la constitution de la Société anonyme, s'est trouvée celle de la réception définitive du pont (réception qui a été donnée sans aucune difficulté à la fin de l'année d'exécution, parce qu'il n'y a pas eu la moindre dégradation), et cela quand le but de la constitution de la Société était l'exécution de ce même pont.

UTILITÉ DU NOUVEAU PONT.

Les personnes qui cherchaient à entraver et même à empêcher l'exécution du nouveau pont, étaient parvenues à accréditer l'opinion à laquelle il leur importait de faire croire, savoir : que ce pont ne donnerait que des produits très faibles et tout à fait insuffisants pour payer l'intérêt des capitaux qu'il exigeait. L'influence de ces assertions est prouvée par la déclaration que M. Benjamin Delessert, député de Paris, a faite à la Chambre des députés dans la session de 1833 à 1834, en reprochant à l'administration *de laisser exécuter dans cet emplacement un pont sans utilité et sur lequel il ne passerait personne.*

Il était cependant facile de s'assurer du contraire en examinant, pendant quelques heures seulement, le nombre de personnes qui se rendaient des quais Voltaire et Malaquais et des rues adjacentes sur la place du Carrousel, et réciproquement. J'en avais fait souvent la vérification, et je m'étais convaincu que le passage devait être au moins de 5,000 personnes et de 150 voitures par jour. Je pouvais donc réfuter immédiatement la déclaration faite si légèrement à la tribune, et qui tendait à priver Paris d'une communication véritablement utile; mais pour cela même que j'étais intéressé à l'exécution du pont, je ne voulus point répondre, et je préférai attendre le résultat de l'expérience dans laquelle j'avais toute confiance. En effet, le résultat a dépassé de beaucoup les bases de calcul que j'avais présentées aux capitalistes, et a prouvé, avec la plus grande évidence, l'utilité actuellement bien reconnue de ce pont, que l'on ne pourrait supprimer aujourd'hui sans exciter des plaintes générales. Une autre preuve incontestable de cette utilité résulte encore du taux des actions, qui est nécessairement proportionnel aux produits du péage, puisqu'il se maintient constamment entre 8 et 900 francs au-dessus de leur titre primitif, qui était de 1,000 francs. Ce taux s'accroîtra encore sensiblement lorsque l'on accordera, pour la traversée de la galerie du Louvre, un second guichet nécessaire pour prévenir les accidents, et qui est réclamé et attendu par le public avec une grande et juste impatience.

ORNEMENTS DU PONT.

Une clause du cahier des charges imposait au concessionnaire l'obligation de donner à l'administration une somme de 80,000 francs pour faire exécuter elle-même les ornements qu'elle jugerait convenables.

On a peine à comprendre les motifs qui ont pu déterminer cette clause : j'ai entendu dire, dans le temps, que l'un de ces motifs était la nécessité de mettre le nouveau pont en harmonie avec les grands édifices qui l'avoisinent, et notamment avec la galerie du Louvre.

Je suis loin de nier la convenance et même la nécessité de cette harmonie; mais elle devrait résulter, selon moi, de l'ordonnance du projet, ainsi que du système d'architecture et du caractère monumental de l'ensemble du pont, et non d'ornements ajoutés après coup. C'est précisément par cette raison que j'avais soutenu l'opinion qu'un pont suspendu ne convenait nullement pour cet emplacement, opinion que j'ai eu tant de peine à défendre, et que j'ai toujours trouvé qu'il y avait contradiction dans les deux parties d'une décision qui, d'une part, admettait un pont suspendu devant le Louvre, et qui, de l'autre, ordonnait de l'orner pour le mettre en harmonie avec cet édifice. Les ornements quelconques ajoutés à un pont ne peuvent pas plus le rendre monumental, ni ennoblir son architecture, que des diamants et des fleurs ne peuvent embellir une femme sans beauté, sans tournure et sans grâce.

Il me semble que pour atteindre le but très louable de l'harmonie dont on vient de parler, le mieux était, comme je l'ai dit plus haut, de rejeter l'adjudication au concours, d'appeler la concurrence des projets établis sur un programme qui n'aurait renfermé d'autres conditions que celles qui concernent le service de la navigation et la sûreté publique, de choisir le meilleur, et de traiter ensuite avec son auteur pour l'exécution.

Il faut remarquer encore que par la marche suivie pour la concession du pont du Carrousel, les plus fortes chances étaient pour la plus grande disparate; car l'adjudication étant au rabais, les spéculateurs devaient chercher à faire le pont le moins dispendieux, et par conséquent le plus maigre et le moins élégant possible. On peut donc dire avec vérité que si la ville de Paris possède un pont qui satisfait, au moins en partie, aux convenances de sa position, c'est véritablement par bonheur et malgré les obstacles qui résultaient, à la fois, de la faveur accordée aux ponts suspendus et du système d'adjudication. Le mérite du choix du projet exécuté appartient principalement au Conseil d'État, qui, dans le doute résultant des discussions de l'adjudication, a été déterminé, en grande partie par les convenances architecturales, à donner la préférence à mon projet sur celui du pont suspendu qui lui était opposé.

Non seulement la clause qui obligeait le concessionnaire à verser 80,000 francs au trésor était mauvaise en elle-même, puisqu'elle ne pouvait remédier que très imparfaitement aux défauts de convenance et d'harmonie qu'aurait pu présenter le pont, mais encore elle a été nuisible, puisqu'elle a empêché la Compagnie de faire des additions et des améliorations qui auraient ajouté à la solidité et à la beauté de l'ouvrage, et qui en définitive auraient plus profité au public et à la ville de Paris que des ornements appliqués après l'exécution. Cette clause était en outre véritablement exorbitante; car si le gouvernement ou la ville de Paris veulent orner un ouvrage d'utilité publique, ce doit être à leurs frais, et non à ceux des capitalistes qui exécutent un ouvrage public à leurs dépens et à leurs risques et périls. En leur faisant payer ces ornements, il eût été juste et convenable de les leur laisser exécuter, sauf l'obligation d'en soumettre le projet à l'administration. Loin de là, on ne les a pas consultés et on a repoussé les observations qu'ils avaient présentées sur la nature et le choix des ornements.

L'auteur du projet avait étudié les dispositions à suivre pour l'harmonie désirable entre ces ornements et le caractère architectural du pont. Il s'était éclairé des avis d'ingénieurs, d'architectes et de sculpteurs distingués, et il avait proposé les ornements qui sont indiqués dans le dessin de l'élévation générale du pont. Le premier consiste dans des calottes sphériques, écaillées, en fonte, destinées à revêtir les quarts de sphère qui couronnent les piles, et à établir entre les arcs en fonte aboutissant aux deux côtés d'une même pile une liaison qui manque, et qui aurait ajouté à l'harmonie et à l'élégance de l'ensemble. Ces calottes devaient en même temps servir de piédestaux à des statues en fonte, élevées en demi-relief contre le nu des piles, et représentant les arts qui concourent à l'exécution des monuments publics. Le second ornement proposé était l'enrichissement des candélabres qui supportent les lampes, et celui du garde-corps, qui est trop maigre. Le troisième se composait de groupes d'enfants ou d'animaux en fonte, sur des piédestaux également en fonte placés aux entrées du pont, et qui auraient été eux-mêmes ornés de bas-reliefs. Je proposais des groupes, parce que des statues debout font un mauvais effet aux entrées d'un pont, comme on l'a vu au pont de la Concorde, et que des statues assises, presque toujours disgracieuses quand on les voit par derrière, ne conviennent que quand elles sont adossées à des murs ou à des massifs de verdure.

Non seulement il fallait que le pont fût en harmonie avec les édifices environnants, mais il fallait aussi que ses ornements fussent en harmonie avec le pont lui-même, et il était naturel que sur un pont en fonte on mît des ornements en fonte. Il était d'ailleurs désirable que l'on profitât de cette occasion pour montrer la possibilité, assurée maintenant par les progrès de l'art, de faire de bonnes statues en fonte sortant nettes du moule, et présentant sans ciselures d'aussi belles formes que le bronze et à bien meilleur marché (1).

J'avais proposé de confier à quatre sculpteurs l'exécution des quatre groupes et des quatre figures des piles. Des artistes de premier ordre avaient consenti à s'en charger; ils y mettaient un grand intérêt d'amour-propre. La rivalité aurait déterminé de grands efforts. Travaillant en même temps, ils s'engageaient à tout terminer en dix-huit mois, et j'avais des engagements formels d'exécuter la totalité des ornements que je viens d'indiquer pour la somme de 80,000 francs.

Ces propositions ont été fort mal reçues et rejetées. Un seul sculpteur a été chargé de faire des trophées appliqués contre les piles et quatre statues *assises, en pierre.* Elles ne sont pas encore prêtes, en sorte que l'on aura mis quatre fois plus de temps à faire ces ornements que l'on n'en a mis à faire le pont : ce ne sont cependant pas les fonds qui ont arrêté, puisque les 80,000 francs sont versés depuis longtemps par la compagnie concessionnaire.

Puisse ce malheureux exemple, ajouté à beaucoup d'autres semblables, faire reconnaître enfin les vices du régime qui gouverne les monuments publics en France, et déterminer le gouvernement à y remédier !

---

(1) Depuis les frères Keller, qui ont exécuté sous Louis XIV presque tout ce qu'il y a de bon en figures de bronze à Paris et à Versailles, on n'a fait que bien peu de progrès dans cet art, et on a payé à des prix exorbitants des statues de bronze très médiocres, comme la statue d'Henri IV, sur le pont Neuf, qui a coûté 400,000 francs, et qui pourrait être mieux exécutée en fonte pour 100,000 francs. L'art du fondeur en fonte ne s'était guère perfectionné jusqu'ici que dans les petits objets du commerce, parce que le gouvernement n'a rien fait pour ses progrès.

Des bustes, des figures et des bas-reliefs en fonte d'une très belle exécution, présentés à l'Exposition des produits de l'industrie, prouvent la possibilité de substituer la fonte au bronze dans les monuments publics, dès que l'on sera parvenu à la préserver de l'oxydation par un émail, ou par une cimentation métallique, comme de premiers essais dans ce genre, tentés par des hommes habiles, permettent de l'espérer.

CINQUIÈME SECTION.

APPLICATIONS DU SYSTÈME DU PONT DU CARROUSEL A DIVERS PROJETS.

L'expérience, aujourd'hui suffisante, de la bonté du système du pont du Carrousel, et la conviction qui commence à se répandre des avantages des ponts en fonte bien faits sur les ponts en pierre et sur les ponts en charpente, ont fait penser à diverses applications de ce mode de construction. Mais il paraît que quelques personnes ont élevé des doutes sur la possibilité d'exécuter sans danger, dans ce système, des ponts de très grande ouverture; sur la résistance que ce genre de ponts pourrait présenter aux ébranlements causés par les convois de chemins de fer, et enfin sur la faculté de donner à leurs fermes plus d'élégance pour des ponts de luxe.

Pour répondre à ces trois objections, nous présenterons quatre dessins de projets étudiés pour des applications qui se rapportent aux trois cas que l'on vient d'indiquer.

PONTS DE GRANDE OUVERTURE.

Pont de Cubsac.

Le premier projet est le résultat d'une étude faite pour le pont de Saint-André de Cubsac, sur la Dordogne (Planche IX). Il est établi dans l'hypothèse d'un pont de très grande dimension, les arches ayant chacune 100 mètres d'ouverture et 30 mètres d'élévation au-dessus des eaux, parce que telles étaient les conditions du programme. Les piles ont unegran de largeur (20 mètres), parce que le sol étant très compressible jusqu'à une très grande profondeur, le seul moyen de donner de la stabilité aux appuis d'un tel pont, était de les faire porter sur de très larges surfaces.

Pont de Berne.

Le second, qui concerne aussi un pont de grande ouverture, est un projet étudié pour l'un des abords de la ville de Berne (Pl. X). Ce pont est destiné à établir une communication directe et sans contrepente, entre la ville et le sommet du coteau par lequel arrive la route de France, en traversant, au niveau de cette route, le vallon de l'Aar qui sépare le coteau de la ville.

Pour ces deux ponts, les dimensions des arcs du pont du Carrousel seraient trop faibles, et cependant relativement au fondage, au levage et à l'ajustage, il y aurait de grandes difficultés, et peut-être du danger, à faire des pièces de fonte de dimensions beaucoup plus fortes que celles des subdivisions de ces arcs; en effet, plus les proportions des pièces de fonte augmentent, plus il est difficile d'obtenir, dans la qualité, dans la densité et dans le retrait, l'uniformité si nécessaire pour une bonne résistance, et plus il y a à craindre les mauvais raccords des coulées que l'on est obligé de multiplier quand on fond des pièces de grandes dimensions, puis encore le défaut d'homogénéité et les fortes voilures.

Pour éviter ces dangers, et en même temps les excédants de dépense qu'entraînent toujours l'exécution et l'assemblage des pièces d'un grand poids, j'ai cherché à obtenir la force nécessaire par la combinaison de pièces faciles à exécuter et à manier, comme celles dont est composé le pont du Carrousel, plutôt que par l'augmentation de leurs dimensions.

Pour cela, je forme les arcs de grande ouverture, de deux arcs semblables à ceux des fermes du pont du Carrousel, en les plaçant, l'un au-dessus de l'autre, à une distance au moins égale au diamètre vertical de ces arcs, et je les réunis par des châssis à claire-voie qui concourent à augmenter la hauteur de la section et par conséquent la résistance des arcs dans le sens vertical (Fig. 2, pl. IX).

Quant à la résistance transversale, on l'obtient en augmentant le diamètre des cylindres des arcs, en les faisant presque cylindriques, et en fortifiant et en multipliant les entretoises. Par ces moyens, on pourrait exécuter, sans difficulté et avec sécurité, des arcs de 100 et même de 200 mètres d'ouverture, en donnant une flèche convenable, qui doit augmenter en raison de l'accroissement d'ouverture de l'arc.

Dans le projet du pont de Berne, on a donné de la richesse aux tympans, en remplaçant les anneaux par de grands rinceaux, et on a orné les piles de colonnes et de bas-reliefs en fonte, parce que le gouvernement suisse avait témoigné le désir de créer un monument remarquable à l'entrée de sa capitale.

Dispositions des tympans.

Les dispositions des tympans doivent varier suivant la courbure de l'arc et l'élévation du pont : on en voit des exemples dans les dessins des ponts de Cubsac, de Berne et de Belle-Chasse.

Ornements.

C'est particulièrement dans les tympans qu'il convient de placer les ornements destinés à donner aux fermes de la richesse et de l'élégance : on en voit des exemples dans les projets des planches XI et XII.

PONTS DE CHEMINS DE FER.

Pour les ponts des chemins de fer, il faudrait d'abord fortifier les arcs par l'un des moyens que l'on vient d'indiquer, selon l'ouverture des arches, et ensuite rapprocher les fermes deux à deux pour les faire correspondre aux rails et les entretoiser fortement.

Les vibrations des ponts en fonte ne doivent pas empêcher de les employer dans les chemins de fer, parce que ces vibrations, tant qu'elles sont régulières et modérées, loin d'être un signe de faiblesse ou une cause de danger, sont au contraire, comme nous l'avons dit plus haut, une preuve de bonne exécution et par conséquent un motif de sécurité; de plus il résulte de l'expérience des ponts en charpente que le passage d'un convoi cause, dans les ponts élastiques, des vibrations moins fortes que le passage des voitures isolées au trot. Il paraît que cet effet singulier est dû à la rencontre des ondes des vibrations qui, par leur nombre et leur simultanéité sur les différentes arches, se croisant en même temps sur un grand nombre de points, s'amortissent réciproquement en partie, et, en se dénaturant, se changent en une sorte de trépidation assez vive, mais à mouvements courts, qui cesse très promptement.

PONT LÉGER POUR UN PARC.

Le dessin de la planche XI représente un projet de pont léger et de petite dimension, projeté pour communiquer avec une île située au milieu d'une pièce d'eau dans un parc. Comme ce pont n'est destiné qu'aux piétons, il était inutile de donner une grande force aux arcs : c'est pourquoi je me suis contenté, par motifs de simplicité et d'économie, de les former avec des lames planes; mais, fidèle au principe essentiel du croisement des joints, je compose ces arcs de deux lames croisées qui s'assemblent au moyen de boulons qui les traversent toutes deux aux points indiqués par des rosettes destinées à fortifier les assemblages et à déguiser leurs saillies et celles des boulons.

PONT-AQUEDUC.

Le quatrième projet représenté dans la planche XII, est celui d'un pont-aqueduc destiné à faire passer les eaux d'un ruisseau par dessus un petit vallon des environs de la ville de Madrid (Espagne); on lui a donné un caractère de grandeur et de richesse qui était recommandé dans le programme de ce projet.

PONT DE PIÉTONS SUR LA SEINE.

Le projet de la planche XIII a été fait pour un pont destiné aux piétons, qui serait établi sur la Seine, vis-à-vis la rue de Belle-Chasse; il est élevé au-dessus des quais pour pouvoir embrasser la rivière d'une seule arche qui aurait 84 mètres d'ouverture. On lui donne une flèche de 11^{m}.86, qui est le septième de la corde, à cause de la grandeur d'ouverture, et parce que ce pont étant destiné uniquement aux piétons, il n'y a pas d'inconvénient à lui donner plus de pente qu'aux ponts destinés aux voitures; cette pente étant de 0^{m}.12 par mètre sur les reins de la grande arche, on a établi des marches larges et peu élevées jusqu'au point où la pente est suffisamment douce pour s'en passer.

L'entrée du pont est au niveau du quai des Tuileries; mais le quai d'Orsay étant plus bas de 1^{m}.50, on est obligé d'établir de ce côté un perron de sept marches.

L'ouverture étant très grande, on a adopté la combinaison de deux arcs superposés, mais distants de 0^{m}.80, et reliés par des châssis intermédiaires, comme pour les ponts de Cubsac et de Berne; mais comme les charges et les vibrations seront faibles, on pourra faire l'arc supérieur moins fort que l'inférieur.

Il n'y a pas de motif pour donner au plancher de ce pont une grande largeur, et cependant en le faisant étroit, on aurait à craindre le déversement latéral à raison de la grande ouverture de l'arche. Pour prévenir ce danger, au lieu de placer les fermes de tête parallèlement, on les disposerait obliquement de manière à les faire croiser au sommet du cintre, comme on le voit dans le plan de ce pont (Planche XIII).

Cette disposition, par suite de laquelle les deux fermes AAAA se contrebutent réciproquement en formant un angle de onze degrés, donne une garantie suffisante contre les déversements; mais comme elle exige une largeur d'environ 10 mètres aux deux entrées du pont, pour diminuer la portée des poutrelles, on établira des portions de fermes intérieures BB, sur 25 mètres de longueur chacune et aboutissant à de fortes entretoises CC; on reliera les trois cours de fermes entre eux par des entretoises droites et obliques, comme l'indique le dessin.

On obtiendra la largeur à donner au milieu du pont, vis-à-vis le croisement des arcs, par de petits arcs supplémentaires HH, très légers, supportés par des consoles d'encorbellement, arcboutées sur un pendentif.

Ce pont devant avoir beaucoup de légèreté et permettant plus de luxe, on peut orner les arcs de palmes et de fleurons, et remplacer les anneaux des tympans par des appuis plus légers, comme les serpents indiqués dans l'élévation principale, ou plus élégants, comme dans la variante indiquée sur la même planche.

Pour tous ces ponts, les pièces qui remplissent les tympans, quelles que soient leurs formes, reposent sur les collets des arcs par des épaulements, et s'engagent dans les intervalles de ces collets au moyen de tenons qui pénètrent entre deux, mais qui ne sont nullement liés avec eux, afin de laisser toujours une entière liberté pour les mouvements causés par les différences des vibrations et des dilatations, conformément au principe établi précédemment à l'article des tympans du pont du Carrousel.

Ces études, pour cinq cas différents, suffisent sans doute pour indiquer les modifications à faire dans les dispositions partielles, en conservant toujours le principe général du système, et la possibilité d'en varier les applications, en augmentant soit la force, soit l'élégance des parties composantes, suivant le besoin et le but spécial de chaque projet.

NOTES.

NOTE A (Page 12).

COMPARAISON ENTRE LES PONTS FIXES EN FONTE ET LES PONTS SUSPENDUS.

Il est difficile d'établir une comparaison exacte entre les ponts en fonte et les ponts suspendus, parce que l'on manque de données sur la durée des uns et des autres, surtout pour les ponts suspendus qui sont tous d'une date récente : cependant le plus simple examen suffit pour faire reconnaître que les ponts fixes en fonte ont plus de stabilité et de durée que les ponts suspendus. Il est également facile de reconnaître qu'ils présentent plus de sécurité, parce que, sur les ponts fixes, l'effet des charges est de faire serrer et par conséquent de fortifier les assemblages des fermes dont ils se composent, et que la pression qui en résulte se porte en définitive directement sur les culées et sur le sol qui leur sert d'assiette, tandis que, dans les ponts suspendus, tous les efforts produits par le poids du plancher, par la charge des voitures et par les vibrations que cause leur passage, tirent au vide et tendent constamment à arracher les amarres des câbles de suspension. Il faut encore remarquer que, dans les ponts fixes supportés par plusieurs fermes, l'affaiblissement du plancher, causé par l'action de l'humidité et du temps sur les bois, ne produit que des trous de peu d'étendue, faciles à réparer et qui ne peuvent occasionner des accidents graves; tandis que, dans les ponts suspendus, les poutrelles sur lesquelles est placé le plancher, n'étant supportées que par leurs extrémités, la rupture de ces poutrelles entraînera nécessairement la rupture du plancher dans toute sa largeur, en sorte que les voitures qui s'y trouveront alors seront inévitablement précipitées dans la rivière, et que les secousses brusques qui résulteront de ces accidents pourront compromettre le pont tout entier.

Il y a toujours un danger réel et menaçant pour les voitures et pour les passants, lorsque les intervalles entre les supports du plancher d'un pont sont aussi grands ou plus grands que la voie d'une voiture; mais le danger est encore bien plus grave, quand on a l'imprudence de laisser, comme dans la plupart des ponts suspendus exécutés en France, la largeur de deux voies et même des trottoirs entre les tiges de suspension. On a peine à comprendre comment on ose laisser passer des voitures sur des planchers de 7 mètres de largeur, supportés par de simples poutrelles qui ne sont soutenues que par leurs extrémités, tandis qu'on ne permet pas de laisser entre les fermes des ponts fixes, en charpente, ou en fonte, des intervalles de plus de 3 mètres, quoique les pièces de pont qui s'appuient sur ces fermes et sur lesquelles est placé le plancher, soient aussi nombreuses et plus fortes que les poutrelles des ponts suspendus.

En Angleterre, lorsqu'on établit deux voies sur un pont suspendu soumis au roulage public, on a soin de mettre un et même deux cours de chaînes de suspension, intermédiaires entre les cours extrêmes, comme on l'a fait au pont remarquable établi sur le petit bras de mer qui sépare l'île d'Anglesey du pays de Galles, et que l'on nomme la Menay de Bangor. Les ponts français ont plus de légèreté et d'élégance, mais ils présentent beaucoup moins de stabilité et de sécurité. Le danger est encore inaperçu, parce que les planchers de ces ponts sont assez forts tant que les bois sont neufs et sains, mais il est facile de juger que, lorsqu'ils commenceront à s'altérer, il arrivera de nombreux accidents qui seront toujours graves.

Revenant à la comparaison à faire entre les ponts fixes en fonte et les ponts suspendus, sous le rapport des dépenses, nous ferons remarquer que, pour que la comparaison fût exacte, il faudrait comparer deux ponts de même largeur et dans lesquels il y aurait égalité de distances entre les supports du plancher. Ainsi, par exemple, le pont de fonte du Carrousel et le pont suspendu à deux cours de chaînes, construit aussi à Paris, en 1827, vis-à-vis l'allée d'Antin des Champs-Élysées, et qui a été fort bien exécuté par MM. Bayard de la Vingterie et de Vergès, sont tout à fait comparables sous le rapport des fondations et des maçonneries des piles et des culées, puisque, établis tous deux sur des parties de la Seine de même largeur et de même profondeur, ils ont chacun deux piles en rivière dont les dimensions sont à peu près les mêmes dans les deux ponts, et qu'ils ont été construits tous deux, dans des circonstances semblables, par des compagnies concessionnaires. Mais ils diffèrent essentiellement quant aux dimensions et aux supports du plancher : celui du pont du Carrousel est supporté par cinq cours de fermes en fonte, distantes entre elles de $2^m.80$, et le plancher du pont suspendu, qui a 7 mètres de largeur, n'est supporté que par deux cours de chaînes. Ces différences sont trop grandes pour permettre d'établir une comparaison exacte entre ces deux ponts; c'est pourquoi nous nous bornerons à indiquer les dépenses faites pour l'exécution de l'un et de l'autre.

La dépense des trois arches des piles et des culées du pont du Carrousel, qui a 12 mètres de largeur, n'a pas dépassé 900,000 francs, et le pont d'Antin, qui n'a que 7 mètres de largeur, a coûté plus de 600,000 francs (non compris la dépense de murs de quai).

Le pont de Ris, sur la Seine supérieure, construit par M. de Sermet, est remarquable par son élégance et par sa bonne exécution ; il n'a pas de pile en rivière, parce qu'il est suspendu par deux cours de chaînes seulement, et son ouverture est moindre que celle du pont du Carrousel : cependant il a coûté près de 700,000 francs.

Nous sommes persuadé que l'on aurait pu facilement exécuter ce pont et le pont d'Antin pour les sommes employées à leur exécution, en faisant supporter le plancher de chacun d'eux par trois fermes en fonte du système du pont du Carrousel, qui auraient eu plus de force et de durée que les chaînes, et qui auraient diminué de moitié les portées des poutrelles du plancher.

Les ponts suspendus en câbles de fil de fer sont plus économiques que les ponts avec chaînes composées de barres de fer, que nous venons de citer, mais ils ont moins de stabilité, et ils seront encore moins durables qu'eux, parce que les fils de fer s'oxydent malgré toutes les précautions, et que leur force, résidant surtout dans la pellicule écrouie par la filière qui les couvre et les enveloppe, diminue considérablement dès que cette pellicule est altérée; et on sait également, par expérience, que l'action lente du temps enlève au corps même du fil de fer sa souplesse et son élasticité, et le rend cassant.

Il résulte des observations qui précèdent que les ponts suspendus, en général beaucoup moins durables et moins sûrs que les ponts en fonte, coûtent presque autant qu'eux, quand on veut leur donner une bonne résistance et réduire les chances de danger qui résultent de leur structure, et que l'on ne peut obtenir d'économie notable qu'aux dépens de la sécurité et de la durée.

En général, les ponts suspendus ne doivent être employés pour des passages de voitures que dans deux cas spéciaux :

Le premier est celui où les escarpements et la profondeur de l'espace à franchir ne permettraient pas d'échafauder sans dépenses excessives, comme au beau pont de Bangor, du célèbre Telfort, et au pont de Fribourg, si hardi et si bien exécuté par un officier d'artillerie français d'un très grand mérite, M. Chaley.

Le second cas concerne les localités dans lesquelles on ne peut élever assez le plancher pour placer au-dessous, sans inconvénient, les fermes d'un pont fixe, mais nous pensons toujours qu'en adoptant le système de suspension, dans ces cas particuliers, on ne doit jamais laisser plus de 3 mètres d'intervalle entre les cours de chaînes de suspension.

NOTE B (Page 15).

PREMIÈRES DEMANDES POUR L'ÉTABLISSEMENT DE NOUVEAUX PONTS SUR LA SEINE.

En 1828, M. le comte de Guéhéneuc, pair de France, proposa d'établir un pont suspendu sur la Seine vis-à-vis la rue de Belle-Chasse, pour établir une communication de piétons entre le faubourg Saint-Germain et le jardin des Tuileries, au moyen d'une voûte percée sous la terrasse qui borde le quai. Cette demande avait été accordée sous le ministère de M. le duc de Doudeauville, alors ministre de la maison du roi, et qui a laissé de glorieux souvenirs par la sagesse et la bonté de son administration et par sa démission après le licenciement de la garde nationale. Depuis, cette autorisation a été retirée.

Au commencement de 1830, ayant terminé l'étude de nouveaux systèmes de ponts, je proposai d'établir devant la rue de Belle-Chasse un pont de piétons formé d'une seule arche très légère en fer forgé, qui s'élevait au-dessus du plancher; le milieu de ce plancher était suspendu à la partie correspondante de l'arc, tandis que ses deux extrémités étaient supportées par les parties inférieures de ce même arc, et je demandai en même temps l'autorisation d'exécuter, devant la rue des Saints-Pères, un pont fixe en fonte praticable aux voitures, suivant le projet du pont que j'ai exécuté depuis.

Le pont de Belle-Chasse fut abandonné par suite du refus fait par Charles X de permettre l'ouverture d'une entrée dans le jardin des Tuileries par le quai, malgré les vives instances des habitants du faubourg Saint-Germain. Le pont des Saints-Pères fut ajourné, parce que l'on ne croyait pas assez alors à l'utilité de cette communication, si bien démontrée depuis par l'expérience.

NOTE C (Page 16).

EXPOSÉ HISTORIQUE DES FAITS RELATIFS A LA CONCESSION DU PONT DU CARROUSEL.

En avril 1831, MM. Séguin ayant proposé à M. le comte d'Argout, ministre du commerce et des travaux publics, d'établir un pont suspendu vis-à-vis la rue des

Saints-Pères, en obtinrent l'autorisation. Mes réclamations en faveur d'un pont fixe en fonte furent rejetées par le ministre, et le pont suspendu mis seul en adjudication le 14 mai 1831 : il devait avoir 8 mètres de largeur entre les deux cours de chaînes, et le maximum de la durée de la concession était fixé à vingt-quatre ans. Heureusement, cette adjudication n'eut pas de suite, parce que le rabais offert par MM. Séguin était inférieur au minimum fixé par le préfet, et elle fut remise. Je profitai de cette circonstance pour renouveler mes réclamations en faveur du pont fixe. Le ministre consentit à admettre le concours entre le pont suspendu et le pont fixe, sous les conditions, pour ce dernier, que sa largeur serait de 12 mètres, qu'il n'aurait que deux piles en rivière, que l'on ne releverait pas les quais aux abords, et que la durée de la concession n'excéderait pas quarante ans.

En jugeant d'après les données que fournissaient les ponts en fonte connus à cette époque, on regardait généralement l'accomplissement de ces trois conditions, et surtout de la dernière, comme très difficiles; aussi ne fut-il présenté à l'adjudication du 12 juillet, pour le pont fixe, qu'une seule soumission basée sur mon projet, parce qu'il fallait un système nouveau, à la fois hardi et très économique, pour rendre l'exécution possible avec des conditions aussi rigoureuses. Le rabais de cette soumission était le plus fort; elle devait donc l'emporter, mais des défauts de forme la firent rejeter, et l'adjudication fut prononcée par la préfecture de la Seine en faveur du pont suspendu de MM. Colin et Séguin, associés. Je réclamai auprès de l'administration. Après de longs débats, le conseil-d'état fut d'avis qu'un pont fixe était seul convenable vis-à-vis le Louvre; il donna des éloges à mon projet sous le rapport des convenances architecturales, décida que le défaut de forme de la soumission ne suffisait pas pour la rejeter, et proposa son admission. Une ordonnance du Roi du 11 octobre 1831, approuva cet avis et autorisa l'exécution du pont fixe en fonte. Cette exécution fut cependant encore arrêtée huit mois, d'abord par une opposition de la société du Pont des Arts qui prétendait que le gouvernement n'avait pas le droit d'établir le nouveau pont projeté, et ensuite par deux procès intentés par la même société au concessionnaire, devant le tribunal de première instance et devant la Cour royale. Elle perdit ces deux procès, mais elle parvint à retarder d'un an l'exécution du nouveau pont et la réduction qu'elle redoutait dans les produits du pont des Arts.

Au lieu d'arrêter ainsi par ses réclamations la réalisation d'un monument utile, cette société aurait, sans doute, beaucoup mieux fait, même par calcul d'intérêts pécuniaires, de se charger de l'exécution de mon pont, comme je lui avais fait proposer, parce qu'elle aurait gagné, par ses produits, beaucoup plus que sa concurrence n'a fait perdre au pont des Arts; mais la passion l'emporta, et cette société aima mieux persister dans son opposition qui n'avait aucune chance de succès et qui ne lui a procuré d'autre avantage que de retarder de quelques mois la réduction qu'elle redoutait.

La faculté d'exécuter mon projet faillit encore m'être enlevée par une autre cause. J'appris que des offres avaient été faites au concessionnaire d'exécuter un pont en fonte d'un autre genre de construction, à meilleur marché. Pour parer à ce danger, je fus obligé de racheter moi-même la concession à mes risques et périls, et je fis commencer les fondations des piles au mois d'octobre 1832. Les adversaires de mon projet ayant répandu et accrédité une opinion défavorable sur son produit, je ne pus trouver alors les fonds nécessaires pour continuer les travaux, et, obligé de les suspendre, j'éprouvai des pertes qui absorbèrent ma modique fortune. Le délai fixé par l'adjudication avait expiré, une prorogation m'avait été accordée sur la proposition de M. le Directeur général des ponts et chaussées; mais la fin du second terme arrivait, et je touchais à la déchéance, quand enfin j'eus la satisfaction de trouver des capitalistes assez éclairés pour examiner et reconnaître par eux-mêmes la bonté du projet et l'exactitude de mes calculs sur les produits de ce pont, constatés depuis par l'expérience.

NOTE D (Page 17).

FONDATIONS SUR PLATES-FORMES EN BÉTON ET FABRICATION DU BÉTON.

Les fondations sur plates-formes de béton sont reconnues aujourd'hui par la plupart des constructeurs expérimentés, comme infiniment supérieures aux fondations établies sur grillage et pilotis, et elles ont de plus le mérite d'être plus faciles et moins dispendieuses.

J'ai fait exécuter de cette manière plusieurs ouvrages importants qui ont eu un entier succès.

Le premier est un petit pont de trois arches, en fonte, à Maisons-sur-Seine, dont les culées et les piles ont été fondées, en 1822, sur plates-formes de béton, sans pilotis. (Un Mémoire descriptif a été publié à ce sujet, en 1829, chez Carilian-Gœury, libraire, quai des Augustins.)

Le second est la grande papeterie d'Echarcon, fondée en 1823 et 1824. Le bâtiment principal, qui a près de 100 mètres de façade et 23 mètres de largeur, et dont les murs ont 14 mètres d'élévation, est établi sur un sol de tourbe et de glaise de 11 à 12 mètres de profondeur. Il est fondé sur des murs de béton coulé par lits, dans des tranchées de 11 à 12 mètres de profondeur, taillées dans la tourbe, sans aucun pilotis et sans aucun encaissement ni grillage. L'épaisseur de ces fondations n'est que de 1m.25 sous les murs du bâtiment qui, malgré la hauteur de ces fondations et leur grande étendue, n'a éprouvé aucun tassement. Les coursiers des trois roues hydrauliques en fonte, qui ont 5m.30 de largeur chacun, sont également en béton; chacune de ces roues fait tourner quatre cylindres à broyer la pâte de chiffons, à trois cents tours par minute. Les vibrations inévitables, causées par cette action puissante et rapide, ont déterminé un léger tassement dans un des coursiers, non pas par affaissement vertical, mais par suite d'un déversement latéral qui est dû au défaut d'épaulement suffisant à l'extérieur du coursier gauche. (Mémoire de 1829, chez le même libraire.)

Le troisième ouvrage fondé sur béton, est l'écluse du port de Saint-Ouen, exécuté en 1828. Cette écluse, qui a 60 mètres de longueur et 12 mètres d'ouverture, est fondée à 7 mètres de profondeur, en contre-bas des eaux moyennes de la Seine, sur un terrain de glaises et de sables bouillants; elle repose sur un simple lit de béton de plus de 700 mètres quarrés de superficie, dont l'épaisseur est de 3m.30 sous les bajoyers et de 1m.40 sous la radier. La fluidité du sol de fondation a déterminé à encaisser les massifs de béton dans des vannages (Même Mémoire).

Le béton employé aux piles du pont du Carrousel est composé de 1 mètre de pierre meulière mêlée avec un $\frac{1}{2}$ mètre de mortier composé avec 0m.25 de chaux hydraulique éteinte, 0m.10 de pouzzolane artificielle en poudre, et de 0m.40 de sable de rivière; ce mélange produit un cube de 1m.20. Le mètre cube, compris transport et coulage, a coûté 37 francs.

La fabrication du béton s'est opérée sur des plates-formes en planches de 5 mètres de longueur sur 3 mètres de largeur, légèrement inclinées. Pour la trituration, j'ai fait suivre le procédé employé pour le grand bétonnage des fondations de la papeterie d'Echarcon. Les matières étant disposées par lits successifs en un tas longitudinal qui occupe la largeur d'une extrémité de la plate-forme, quatre hommes, munis de griffes à trois dents, attirent le bourrelet et le conduisent ainsi jusqu'à l'autre extrémité; deux hommes, placés du côté opposé et munis de pelles de fer, ramassent et rejettent sur le tas, en retroussant tout ce qui est en arrière; quand le tas en forme de bourrelet est arrivé à l'autre extrémité de la plate-forme, les six ouvriers se retournent et recommencent la même opération en sens inverse.

Lorsque le bourrelet de béton a parcouru ainsi deux fois la longueur totale de la plate-forme, il est parfaitement trituré. Cette méthode a l'avantage d'assurer, mieux qu'aucune autre, la bonne préparation et de simplifier la surveillance, parce que le résultat, toujours identique, ne dépend ni des soins, ni de l'activité, et encore moins de l'intelligence des ouvriers, et qu'il est constant et uniforme quel que soit l'emploi de leur temps.

On pourrait encore employer, pour la trituration du béton, un moyen aussi simple qu'ingénieux, usité en Suède pour la préparation du mortier. Il consiste à établir le mélange des matières à une certaine distance de l'endroit où on doit employer le mortier. Ordinairement on choisit l'endroit où l'on extrait le sable, on y porte les autres matières, par exemple la chaux, on mélange grossièrement, puis on jette le mélange dans une caisse carrée très solide, de 2 mètres environ de longueur. Pour supporter la caisse et pour pouvoir la transporter en la roulant, on établit deux espèces de roues pleines, en employant des jantes dont la réunion forme un carré à l'intérieur pour l'appliquer exactement sur les quatre faces de la caisse, et dont l'extérieur qui est cylindrique est garni d'une bande de fer comme les roues ordinaires : ces roues pleines sont fixées solidement sur la caisse, à égale distance de son milieu. Quatre barres de fer, fixées par leurs extrémités dans les deux fonds, traversent la caisse dans toute sa longueur. On attelle un cheval et on conduit; le mouvement de rotation fait rejeter sans cesse, d'un côté de la caisse à l'autre, les matières renfermées, qui sont en outre divisées et triturées par la rencontre des barres de fer. Le mélange et la trituration sont d'autant plus complètes et plus parfaites que le trajet est plus long. Les avantages de ce système sont d'être économique et de facile exécution, d'employer la force du cheval au lieu de celle de l'homme, d'être indépendant du soin et de l'intelligence des ouvriers, et enfin d'employer, pour la préparation des mortiers et des bétons, la force et le temps qu'exigerait toujours le transport indispensable des matières du lieu d'extraction au chantier de construction.

NOTE E (Page 36).

SUR LES COURBES DE RUPTURE DES BOIS ET DES FONTES, ET SUR LA RÉSISTANCE DES TUBES DE FONTE REMPLIS DE CYLINDRES EN BOIS.

Pour me rendre compte de l'accroissement de résistance que l'on peut donner à des cylindres en fonte, en garnissant leur intérieur en bois, j'ai fait des épreuves sur quatre tubes, dont deux en fonte dure et les deux autres en fonte douce. Ils avaient chacun 1 mètre de longueur, un diamètre extérieur de 6 centimètres et une épaisseur moyenne de 5 millimètres.

J'ai inséré dans deux de ces tubes, des cylindres de bois enduits de bitume avant leur introduction, mais la jonction de la fonte et du bois a été fort imparfaite à cause des irrégularités de l'intérieur des tubes et de l'impossibilité de couler du bitume dans des intervalles aussi étroits.

L'épreuve s'est opérée en faisant porter ces tubes par leurs extrémités sur des solives en bois espacées de 80 centimètres, en sorte qu'ils portaient de 10 centimètres par chaque extrémité sur les appuis.

Le chargement s'est fait sur un plateau de balance supporté par deux cordes qui passaient sur le milieu du cylindre, en y occupant un espacement de 5 centimètres.

Le cylindre *vide* en fonte *dure* s'est rompu sous une charge de 680 kilogr., après avoir pris une flexion de 6 millimètres.

Le cylindre de même fonte, *garni d'une âme en bois*, a supporté 1,040 kilogr. avant de se rompre, et a pris une flexion de 8 millimètres.

Le cylindre *vide* en fonte *douce* a pris une flexion de 10 millimètres et s'est rompu sous une charge de 1,080 kilogr.

Pour le cylindre de même fonte, *garni de son âme en bois*, la flexion a été jusqu'à 12 millimètres, et la charge de rupture a été de 1,450 kilogr.

Ces expériences ne sont assurément pas suffisantes pour établir des rapports exacts, parce qu'elles n'ont pas été assez variées, que les tubes étaient trop petits, et qu'en outre leurs épaisseurs n'étaient pas parfaitement uniformes; mais bien que très incomplètes, elles suffisent pour prouver que l'insertion d'âmes en bois dans des tubes de fonte augmente sensiblement leur résistance.

NOTE F (Page 42).

EXPÉRIENCES FAITES POUR RECONNAITRE LE DEGRÉ D'INFLUENCE DE L'HUMIDITÉ ET DE LA CHALEUR, SUR L'ALLONGEMENT DES BOIS.

La grande règle de $47^{m}.70$ de longueur en dix sections réunies par des platines en fer, a été placée à plat sur le parapet en pierre de taille du quai Voltaire, comme on le voit indiqué dans les fig. 5 et 6 de la Pl. IV, où la règle est indiquée par les lettres AA et le parapet par les lettres C. Cette règle ne posait pas sur la pierre, mais sur vingt galets cylindriques horizontaux D (Pl. IV, fig. 5 et 6), afin d'éviter, ou au moins de diminuer le plus possible, les frottements qui auraient pu gêner le mouvement déterminé par l'allongement ou le retrait des fibres. Des galets verticaux E s'opposaient aux déviations.

Une des extrémités de cette règle fut fixée solidement sur le parapet, l'autre était libre. Dans cette seconde extrémité était implanté un goujon cylindrique en fer E. Un autre goujon semblable G était scellé dans le parapet de manière à ce que son axe était distant de 4 centimètres du goujon F fixé dans la règle.

Une aiguille H, de 80 centimètres de longueur, percée à sa base d'un trou dans lequel on faisait entrer le goujon fixe G du parapet, était munie d'une patte latérale K perpendiculaire à son axe, et qui était percée d'un trou distant de 4 centimètres de celui de l'aiguille. Ce second trou recevait le goujon F de la règle.

Il résultait de cette disposition de deux leviers perpendiculaires entre eux, dont l'un était 20 fois plus long que l'autre, que chaque mouvement d'allongement et de retrait de la règle était répété par un mouvement vingt fois plus grand de l'extrémité de l'aiguille.

On a pris pour point de départ, ou de mesure, celui où l'extrémité de l'aiguille se trouvait sur l'arc indicateur le 26 août à midi, jour du commencement des expériences, et on a marqué chaque jour sur un arc de cercle İ, İ, tracé avec l'aiguille pour rayon sur le bahut du parapet, les variations de l'aiguille à la droite, ou à la gauche de ce point. Les mesures de ces mouvements de l'aiguille prises sur l'arc İ, İ, ont ensuite été rapportées en ordonnées perpendiculaires à une ligne horizontale MM passant par le point de départ N (Fig. 7, pl. IV). Les élévations au-dessus de cette ligne sont égales aux longueurs des déviations de l'aiguille situées à la gauche du départ, c'est-à-dire de celles qui ont été déterminées par le raccourcissement de la règle. Les abaissements au-dessous de la même ligne indiquent les déviations de l'aiguille à la droite, c'est-à-dire celles qui étaient causées par l'allongement de la règle.

Les abscisses, ou distances des ordonnées sur la ligne horizontale, représentent les distances, en heures, des époques des observations; le millimètre représente un espace de trois heures.

Les époques de la journée et l'état de l'atmosphère correspondants à chaque observation, sont indiqués sur les ordonnées. On n'a pu reconnaître aucun rapport régulier entre les variations de l'aiguille et les influences de la présence ou de l'absence du soleil, de la chaleur ou du froid, de la sécheresse ou de l'humidité de l'atmosphère; et comme deux mouillages complets de la règle à l'eau bouillante, répétés l'un le 1er et l'autre le 6 octobre, n'ont pas produit de variation appréciable, tandis que l'on observait des mouvements sensibles, sans variations très prononcées dans l'atmosphère, il a été impossible de tirer de ces résultats aucune conclusion, sinon que, quelles que soient les causes qui ont pu produire les variations constatées, ces variations sont si faibles, que la différence entre le plus grand allongement, à partir du point de départ des observations, lequel a été de 1 millimètre $\frac{4}{5}$, et le plus grand raccourcissement qui était de 2 millimètres $\frac{6}{10}$ (différence qui n'est en totalité que de 4 millimètres $\frac{4}{10}$), est inférieure au 10 millième de la longueur totale de la règle; et que par conséquent on peut considérer les variations de longueur des règles en bois bien faites, comme insensibles et sans importance pour des travaux de pont.

On peut voir par le tableau ci-joint des observations météorologiques pendant la durée de l'épreuve, qu'il n'y a aucuns rapports, même approximatifs, entre les mouvements de la règle et les degrés de chaleur ou d'humidité de l'atmosphère. Ainsi l'on voit que les plus grands allongements de la règle ont eu lieu le 2 septembre au matin, où le thermomètre marquait 22° 20', et l'hygromètre 70°; et le 9 du même mois, le soir, le thermomètre marquant 14° 50', et l'hygromètre 80°; et que les plus grands retraits ont eu lieu le 25 septembre au soir, pendant lequel le thermomètre était à 11° 50' et l'hygromètre à 84°, et le 27 aussi au soir, le thermomètre marquant 17°, et l'hygromètre 95°.

Les jours les plus chauds ont été les 30 août, 1er, 5, 11, 14, 17, 18, 19 et 20 septembre, et les jours où l'humidité a été la plus forte sont le 27 août et les 17, 21, 22, 28 et 29 septembre; or les cotes qui correspondent à ces jours sont toutes, à l'exception des deux dernières, des cotes moyennes, et même ces dernières, des 28 et 29, répondent à des retraits de la règle et non à des allongements, comme aurait dû le faire présumer une grande humidité.

Le jour qui réunit le plus de degrés de chaleur et d'humidité à la fois, le 17 septembre, correspond à une cote moyenne de retrait et non d'allongement.

Le 4 octobre, qui est le jour qui réunit la cote moyenne minima de chaleur et d'humidité réunies, correspond à une des plus fortes cotes de retrait, mais cependant cette cote est moins forte que celles des 25, 27 et 30 septembre, pour lesquelles les cotes de température ne sont guère plus basses, et où l'humidité était plus forte.

Ne pouvant reconnaître aucune loi régulière dans ces résultats d'observations, il n'est pas possible d'en tirer aucune conséquence, ni d'émettre aucune opinion sur les causes réelles des variations observées, sinon que les influences météoriques sur l'allongement et le retrait d'une règle ainsi composée, sont assez faibles pour qu'il soit permis de n'en pas tenir compte dans les travaux de construction des grands ouvrages d'art.

TABLEAU DES OBSERVATIONS MÉTÉOROLOGIQUES

DU 26 AOUT AU 7 OCTOBRE 1834.

DATES DES MOIS.	THERMOMÈTRE.		HYGROMÈTRE.		DATES DES MOIS.	THERMOMÈTRE.		HYGROMÈTRE.	
	MATIN.	SOIR.	MATIN.	SOIR.		MATIN.	SOIR.	MATIN.	SOIR.
	degr. m.	degr. m.	degr.	degr.		degr. m.	degr. m	degr.	degr.
26 août.	13	14	78	94	16 septembre.	23	21.60	65	75
27	12.5	12.50	100	90	17	23	23.60	80	75
28	16.5	14.60	60	80	18	20.80	23 40	74	64
29	18.20	18	70	70	19	21	18.80	76	50
30	20	15.80	74	90	20	20	24	70	64
31	18.20	17	68	75	21	19	16.80	82	80
1er septembre.	18.6	17.40	65	56	22	16	16	80	65
2	22.20	15.60	70	75	23	14	13.60	68	60
3	19.80	16	70	66	24	13	11.80	70	60
4	20.60	20.4	66	70	25	12	11.50	68	54
5	20.20	21.60	60	50	26	14	14.20	64	60
6	17.70	15.60	70	70	27	13	17	65	95
7	17.80	15	60	70	28	17	15.60	86	80
8	14.20	16.10	88	62	29	15.20	14	80	55
9	17.60	14.50	70	80	30	12 50	13	75	58
10	17.60	14.20	60	80	1er octobre.	9.40	11	70	52
11	20 40	19.40	65	70	2	10.40	11	76	65
12	19.40	19	60	66	3	10.70	12.40	76	68
13	18.80	16.60	68	62	4	13	13.80	64	75
14	16.00	15	65	56	5	14.90	16.60	76	76
15	14.40	16.60	68	60	6	13.80	19.60	68	75

INDICATION

ET

EXPLICATION DES PLANCHES.

Pont du Carrousel, vu du pont des Arts, côté de l'Institut.

Élévation latérale du pont du Carrousel.

PLANCHE I.

Ponts en fonte exécutés en Angleterre, en Silésie et en France, antérieurement à 1830.

PLANCHE II.

DÉTAILS DES ARCS DU NOUVEAU SYSTÈME ET DE LEURS EMBASES.

FIGURES 1, 2, 3, 4, 5, 6 ET 14. — DÉTAILS D'UN ARC.

C,C. Coins de calage verticaux, logés dans les deux collets supérieurs de deux segments contigus, et logements de ces coins dans les collets (fig. 2 et 14).

D,D. Coins de calage verticaux de milieu ou de ventre, couverts et maintenus par le bouton saillant K, et logements de ces coins (fig. 2 et 14).

E. Coins de calage verticaux, logés entre les collets inférieurs, et logements de ces coins (fig. 2 et 14).

F,G. Boulon de serrement des âmes en bois P,P,P,P, renfermées dans l'intérieur des arcs.

H,I. Trous des boulons dans les collets.

K. Bouton de recouvrement du coin central.

L,L. Renflements supérieurs formant les épaulements sur lesquels portent les lames R,R (fig. 5) des anneaux de tympans.

M,M. Collets supérieurs des arcs.

N,N. Collets inférieurs.

O,O. Bandes de renforcement des joints pour les arcs de rive seulement.

P,P,P. Ames en bois de pin du Nord, goudronnées, superposées et fortement boulonnées.

R,R. Lames des anneaux des tympans.

S. Gorge de ces anneaux.

T. Liens butants des anneaux.

U. Boulons traversant les liens et les gorges des anneaux.

X. Bobines à rosettes pour le calage des anneaux des tympans.

Y. Plates-bandes de fer forgé enroulant les bobines X, et passant sous les lames des anneaux dans la partie qui porte sur les épaulements des arcs.

FIGURE 7. — Arc du pont de Vandenesse.

R,R,S,S. Segment d'arc.

Q,Q. Coins de calage verticaux, logés dans les collets supérieurs et inférieurs.

V. Coin de calage horizontal, perpendiculaire à la surface du tube.

Q,V,Q. Place du joint du segment. On a indiqué par un trait ponctué la position du coin de calage du milieu.

T,T. Coupe d'un segment de ce pont.

FIGURES 8, 9, 10, 11, 12 ET 13. — Embases et segments de naissance des arcs.

K,K. Plaque de fonte sur laquelle se pose l'embase.

I,I. Nervure elliptique, saillante sur la plaque de l'embase pour la maintenir en place et pour emboîter l'extrémité de l'âme en bois, et assurer la concordance de son axe avec ceux de l'embase elle-même et de la naissance de l'arc.

L,L. Base elliptique de l'embase, évidée par une gorge continue pour en diminuer le poids, mieux assurer ses portées sur la plaque et faciliter l'ajustage à faire dans ce but.

M,M. Coussinets d'appui destinés à recevoir les portées des coussinets correspondants N et O des segments de naissance de l'arc.

N,O. Coussinets des segments de naissance par lesquels ces segments portent sur l'embase.

P,P. Trous à jour dans la plaque de l'embase pour faciliter sa pose et son relèvement.

Q,Q. Gorges d'emboîtement des segments de naissance qui pénètrent dans l'embase.

R. Bandes de renfort des segments de l'arc, raccordées par des congés avec les coussinets N pour les fortifier.

S,S. Cales en fer forgé, placées entre les coussinets des embases et ceux des premiers segments de l'arc.

FIGURES 15, 16, 17, 18, 19, 20, 21 ET 22. — MODIFICATION DE LA FORME DES ARCS ET DES APPUIS DES ANNEAUX DE TYMPANS.

A,A. Diaphragmes intérieurs, adhérents aux collets des arcs et butants lors de l'assemblage des segments.

B,B. Fourreaux en renflement dans ces diaphragmes pour le passage des boulons d'assemblage qui traversent les collets.

C,C. Lames latérales des anneaux des tympans.

Z. Diaphragmes intérieurs qui réunissent les doubles lames de ces anneaux.

R,R. Rosettes des cales des anneaux.

S,S. Renflement prismatique de l'axe qui unit les rosettes des cales : ce renflement, dont la saillie supérieure se loge dans la gorge de l'anneau, et la saillie inférieure entre dans l'intervalle des collets des arcs, est destiné à retenir les anneaux en place et à les empêcher de s'écarter d'aucun côté.

T,T. Petit boulon traversant les cales par le milieu du renflement prismatique, et servant à serrer ces cales pour faire pénétrer la partie V, en forme de coin, de leurs axes (laquelle est comprise entre les rosettes et le prisme du milieu), dans l'angle curviligne *a*, *b*, *c*, qui existe de chaque côté du point de tangence *b* d'un anneau *a*, *a*, sur une portion d'arc *c*, *c*.

PLANCHE III.

CULÉES, PILES ET BALUSTRADE.

Culées et Piles.

A,A. Forts moellons, placés verticalement en crémaillère pour couper les assises et empêcher leur glissement sur les joints.

B,B. Grands libages, placés verticalement vis-à-vis les appuis des arcs, pour faire porter la pression sur de larges surfaces, et s'opposer au reculement des assises des coussinets sur lesquels reposent les embases des arcs.

C,C,C. Briques dures, encastrées de moitié de leur épaisseur dans chacune des assises contre lesquelles s'appuient les arcs, pour prévenir le glissement des pierres des coussinets l'une sur l'autre et les rendre solidaires.

D,D,D. Libages, placés de champ dans le cœur de la pile entre les assises des deux coussinets opposés, pour prévenir les glissements et les disjonctions.

D',D'D'. Noyaux en béton dans le cœur des piles, pour couper les joints des assises des piles et leur donner la stabilité d'une masse unique.

E,E. Tirants en fer qui relient les parois opposées des crèches et traversent le massif de béton.

F,F. Tirants en fer qui traversent les piles pour relier les organeaux placés à leur base, et les attaches des anneaux de tympan dans la partie supérieure.

G,G,G. Massif de béton des fondations.

H,I,K. Crèches d'enceinte des fondations. Ces crèches portaient deux rangs de ventrières moisantes : l'un, I, au niveau de l'étiage, l'autre, H, au niveau des eaux moyennes pour prévenir l'action du courant, en cas de crue, pendant le coulage du béton et la pose des premières assises; après cette pose on a recepé le vannage au niveau des moises inférieures qui sont permanentes.

L,L. Enrochements.

PLANCHE IV.

ÉCHAFAUD DE POSE ET RÈGLE DE MESURE.

FIGURES 1 et 2. — Échafaud de levage et de pose.

A,A. Pieux droits de palées.

B,B. Pieux inclinés pour contrebuter les palées et prévenir tout déversement latéral.

C,C. Chapeaux portant sur les pieux inclinés B.

D,D. Arbalétriers butants par leurs extrémités sur les chapeaux.

E,E. Moises horizontales embrassant les palées dans toute leur longueur.

F,F. Poteaux montants.

G,G. Croix de Saint-André pour contreventer la partie haute des palées.

H. Longerons courbes du plancher.

I. Liernes inférieures qui relient les fermes entre elles et servent à supporter les cales d'appui des arcs.

K. Moises pendantes.

L. Liernes supérieures pour relier le sommet des fermes.

M,M. Poutrelles longitudinales, destinées à recevoir et à ferrer les abouts des arbalétriers, des moises et des contre-fiches.

N,O. Châssis embrassant les piles et servant à réunir les échafauds des arches contiguës.

P,P. Arcs ou âmes en bois placés sur leurs cales d'appui.

Ces cales, composées de deux pièces superposées, portent sur les liernes inférieures I.

La pièce supérieure de la cale est un sabot qui a la courbure du cintre; la pièce inférieure se compose de deux coins superposés en sens contraire, pour pouvoir soulever ou abaisser à volonté les cales.

FIGURES 2, 3, 4, 5 et 6. — Règle étalon de mesure.

A,A. Corps de la règle, composé de deux feuilles de pin du Nord de droit fil, collées et chevillées ensemble.

B. Assemblages des sections de la règle.

C,C. Bahut du parapet sur lequel on a placé la règle pour les expériences.

D,D. Cylindres en bois dur huilé, qui supportaient la règle de distance en distance dans toute sa longueur.

E,E. Petits cylindres creux, ou galets verticaux en fer, mobiles sur des axes en fer fixés dans le bahut et placés des deux côtés de la règle, pour la maintenir en place et l'empêcher de se déjeter et de dévier à droite ou à gauche.

F. Goujon en fer, fixé dans l'extrémité de la règle et dans le petit coude latéral de l'aiguille.

G,H. Aiguille des mouvements.

İ,İ,İ. Arc de cercle divisé sur le parapet, pour mesurer les mouvements de l'aiguille.

G. Goujon en fer, fixé dans le bahut du parapet et passant dans un œil situé à la base de l'aiguille.

L'aiguille porte à sa base un coude qui fait un angle droit avec elle, et dont la longueur est la vingtième partie de la longueur totale de l'aiguille.

Le bout extrême de la règle, opposé à celui auquel est attachée l'aiguille, est fixé invariablement sur le parapet, d'où il suit que les allongements ou les raccourcissements de la règle font nécessairement avancer ou reculer le bout F, auquel est attachée l'aiguille.

Une extrémité du coude rectangulaire de l'aiguille étant traversée par le goujon F fixé dans la règle, et l'autre extrémité, qui se confond avec la base de l'aiguille, étant traversée par le goujon fixé dans le parapet, la règle ne peut s'allonger ou se rétrécir sans faire avancer ou reculer l'extrémité F du coude, mais le petit levier ne peut se mouvoir sans faire mouvoir l'aiguille qui fait corps avec lui; et comme la longueur de l'aiguille est vingt fois plus grande que celle du coude, il s'ensuit que les mouvements indiqués par l'extrémité de l'aiguille sur l'arc I, présentent vingt fois les mouvements correspondants de la règle.

La Figure 7 représente la série des variations indiquées par l'aiguille, du 26 août au 7 octobre 1834.

La ligne ponctuée horizontale représente le zéro de l'arc de mesure, point de départ des expériences.

Les lignes ponctuées verticales ou ordonnées situées au-dessus de la ligne horizontale, représentent les écartements de la pointe de l'aiguille à la droite du zéro de l'arc, et par conséquent les allongements de la règle; de même les lignes verticales inférieures à la ligne horizontale représentent les écartements de l'aiguille à la gauche du zéro, et par conséquent les raccourcissements de la règle.

Les espaces qui séparent les ordonnées ou abscisses, sont proportionnels aux intervalles des observations.

L'état du ciel pour chaque partie du jour est indiqué par des abréviations en initiales dont l'explication est donnée dans la planche.

Les observations thermométriques et hygrométriques sont consignées dans un tableau qui termine la note correspondante à ces expériences à la fin du Mémoire.

PLANCHE V.

ÉCHAFAUD VOLANT,

POUVANT SERVIR SUCCESSIVEMENT A LA CONSTRUCTION DE PLUSIEURS PONTS EN FONTE OU EN CHARPENTE.

A,A. Poutrelles doubles ou moises horizontales, encastrées et boulonnées sur les moises pendantes G,G, qu'elles embrassent; elles servent à supporter le plancher de service.

Ces poutrelles se placent après que les fermes de l'échafaud suspendu sont toutes en place, et suivant la courbure du cintre du pont.

B,B. Forts câbles en fils de fer, semblables à ceux des ponts suspendus; ils se placent et s'amarrent de la même manière.

B′,B″. Barres de fer logées dans le massif de la culée pour amarrer les câbles de suspension.

Ces barres se terminent par deux anneaux : l'un B′, sert à attacher le bout du câble; l'autre B″, plus grand, est traversé par un cylindre de fonte logé dans la base de la culée.

C,C. Coussinets d'appui des câbles.

Ces coussinets ou sellettes, sont formés de solives qui portent dans leurs faces supérieures des cannelures légèrement convexes pour le logement des câbles.

D,D. Soliveaux posés à plat sur les piles et croisés, pour élever et supporter les sellettes.

E,E. Haubans croisés, en cordes peintes à l'huile.

F,F. Câbles de revers ou sous-tendantes, également en cordes peintes.

G,G. Moises pendantes.

Ces moises embrassent entre elles les câbles et haubans qui se logent dans des demi-cannelures, et y sont serrés fortement par les boulons qui relient les moises jumelles. Ce sont ces moises qui donnent de la rigidité et de la fixité à l'ensemble du système, en rendant tous les câbles et haubans solidaires, et en formant avec eux une série de triangles invariables.

H,H. Arcs en bois composés de longues feuilles appliquées les unes sur les autres, et serrées par des boulons qui les traversent dans toute leur épaisseur.

Les arcs ainsi composés peuvent servir d'arcs de fermes en charpente, ou d'âmes intérieures, pour les tubes des ponts en fonte du système du pont du Carrousel.

İ,İ. Cales posées sur le plancher et destinées à supporter et à caler les arcs en bois.

Quand il s'agit d'un pont de fonte, on élève les cales İ,İ, à la hauteur nécessaire pour pouvoir placer et ajuster convenablement les fontes de revêtement. Il convient alors de former ces cales de plusieurs pièces superposées, dont une se compose de deux coins croisés, afin de pouvoir soulever ou abaisser le cintre à volonté pendant la pose, pour obtenir une courbure régulière.

Nota. La distance entre l'arc et le plancher de service, est trop faible : elle doit être de 30 à 40 centimètres pour faciliter la pose des fontes.

PLANCHE VI.

ENTRETOISES DROITES ET OBLIQUES, EMPLOYÉES AUX ARCHES DU PONT DU CARROUSEL.

A,A,A. Entretoises obliques à quatre côtes saillantes, toutes appliquées sur les collets supérieurs des arcs.

B,B. Entretoises droites en cylindres creux, appliquées aux collets supérieurs.

C,C. Entretoises droites, appliquées aux collets inférieurs.

D. Collets des entretoises droites.

E. Semelles de ces entretoises.

F,F. Tirants en fer forgé, taraudés, traversant les collets des arcs, serrés avec des écrous, et servant à empêcher l'écartement des arcs et à faire serrer toutes les entretoises qui s'opposent à leur rapprochement.

G,G. Joues de la chape que forme la tête de chaque entretoise oblique.

H,H. Tenons saillants des semelles, lesquels entrent dans les chapes des têtes d'entretoises.

İ,İ. Cannelures dans les semelles des entretoises droites, destinées à loger les coins qui servent à les serrer en place.

K,K. Plate-forme de la semelle qui s'applique contre les collets des arcs.

L,L. Coins placés entre le fond de la chape et le sommet du tenon de la semelle, pour faire serrer les entretoises contre les arcs et assurer une tension complète.

NOTA. Les trous de boulons sont percés à l'avance dans les chapes des entretoises, mais on ne perce les trous correspondants dans les semelles qu'après la tension par le coin, pour que cette tension porte sur les corps des pièces et non sur les boulons.

PLANCHE VII.

PLANCHER DU PONT DU CARROUSEL.

FIGURES 1, 2 ET 3. — PLANCHER.

A,A. Partie supérieure des anneaux en fonte, sur lesquels s'appuient les longerons du plancher.

B,B. Longerons doubles et boulonnés.

C,C. Platines en fer, fixées contre la face inférieure des longerons pour recevoir la portée des anneaux des tympans.

D. Cales en bois dur, fixées par un goujon en fer sur les platines, et logées dans les cannelures des anneaux pour les maintenir et les empêcher de déverser à droite, ni à gauche.

E,E. Pièces de pont qui supportent directement le tablier et les trottoirs.

F,H. Petites consoles placées sur les pièces de pont pour exhausser les trottoirs.

G,G. Longerons des trottoirs.

I,I. Plancher du trottoir.

K. Planche verticale continue pour empêcher le fléchissement du plancher.

L. Frise en fonte, recouvrant la face extérieure des longerons de rive pour les garantir de l'action atmosphérique, et former larmier d'égoût pour les eaux pluviales.

M,M. Premier plancher du tablier en bois de chêne.

N,N. Second plancher en pin du Nord, posé en fougère et goudronné.

O. Garde-grève de la chaussée.

P. Chasse-roues en fonte.

Q. Ouvertures continues de 3 centimètres de largeur pour l'égoût des eaux de la chaussée et du trottoir qui est incliné en dedans pour jeter le moins d'eau possible sur les faces de rive.

R,R. Larmiers en zinc pour empêcher les eaux de suivre les bois du plancher.

S,S. Jet d'eau extérieur du trottoir.

T,T. Balustrade en fonte.

U,U. Plates-bandes en fer, encastrées dans les longerons sur lesquels elles sont boulonnées; elles forment croix de Saint-André et sont destinées à contreventer le plancher.

FIGURES 4 ET 5. — LIENS DES ARCS ET DU PLANCHER.

E. Pièces de pont du plancher.

F. Consoles qui relèvent le trottoir.

L. Frise en fonte recouvrant les longerons de rive.

X,X. Liens en fer forgé.

Ces liens, courbés sur champ, ont la tête logée et encastrée entre les deux pièces contiguës dont sont formés les longerons de rive; leurs extrémités qui s'évasent et s'écartent, entrent dans l'intervalle des collets supérieurs des arcs en fonte.

Ces liens embrassent, dans la courbe que forme leur partie supérieure, des boulons Y qui traversent les doubles longerons; chacune de leurs extrémités est traversée par un boulon de collet.

PLANCHE VIII.

MODIFICATION DE LA FORME DES ARCS
ET NOUVEAU SYSTÈME D'ENTRETOISES APPLIQUÉES ET FIXÉES
CONTRE LE MILIEU DES ARCS.

FIGURES 2 ET 3. — MODIFICATION DANS LA FORME DES ARCS.

A,A. Diaphragme transversal entre les collets des arcs, pour obtenir un plus grand écartement entre ces collets, et pour servir à la portée des segments les uns contre les autres.

Les ouvertures ovales, ménagées dans les joints de ces diaphragmes, sont destinées au coulage du bitume.

B,B. Renflements creux dans ces diaphragmes, formant fourreaux pour les passages des boulons, afin d'obtenir des portées directes et complètes autour de chaque boulon.

C',C'. (Fig. 3.) Indication de l'application d'un anneau de tympan contre les collets des arcs.

On voit, par cette disposition, que les doubles lames verticales des anneaux, au lieu d'embrasser les collets des arcs, comme cela a lieu dans le pont du Carrousel, portent directement par leurs tranches sur ces collets; elles y sont maintenues au moyen de cales à rosette d'une forme spéciale, qui sont indiquées avec détail par les Fig. 19, 20, 21 et 22 de la Planche II.

FIGURES 1, 2, 3 ET 4. — NOUVEAU SYSTÈME D'ENTRETOISE.

D,D. Boulon qui traverse à la fois la semelle d'entretoise droite et celle de l'entretoise oblique qui lui est opposée, et le corps entier de l'arc compris entre deux.

E,E. Doubles tenons des semelles des entretoises obliques.

F,F. Doubles tenons des semelles d'entretoises droites.

G,G. Coins de calage dans le fond des chapes des entretoises droites.

H,H. Coins de calage des entretoises obliques, placés entre le tenon de la semelle et le fond de la chape de l'entretoise.

I,I. Semelle d'entretoise droite.

K,K. Semelle d'entretoise oblique.

L,L. Tirants en fer forgé, destinés à faire serrer les arcs sur les semelles des entretoises, et à s'opposer à l'écartement des fermes.

FIGURES 5 ET 6. — RÉCHAUDS DE BITUMAGE.

M,M. Corps des réchauds.

N,N. Chaînes de suspension dont on passe les anneaux dans les crochets d'un étrier S, mis à cheval sur le collet de l'arc.

O,O. Poignées pour manœuvrer les réchauds, les soutenir et les faire avancer à mesure de l'échauffement de l'arc.

P. Porte pour visiter le feu et tisonner.

Q. Porte d'alimentation du foyer.

R. Grille du foyer, et cendrier.

PLANCHE IX.

Projet d'un pont en fonte pour la traversée de la Dordogne, à Saint-André-de-Cubsac, route de Paris à Bordeaux.

PLANCHE X.

Projet d'un pont destiné à établir une communication de la ville de Berne avec la route de France, en traversant le vallon de l'Aar, sans contre-pente.

PLANCHE XI.

Projet d'un pont de 15 mètres d'ouverture, pour communiquer à une île située dans un parc, à Clichy, près Montfermeil.

PLANCHE XII.

Projet d'un pont-aqueduc destiné à conduire des eaux à la ville de Madrid (Espagne), en traversant le vallon de L***.

PLANCHE XIII.

Projet d'un pont de piétons pour traverser la Seine, vis-à-vis la rue de Belle-Chasse

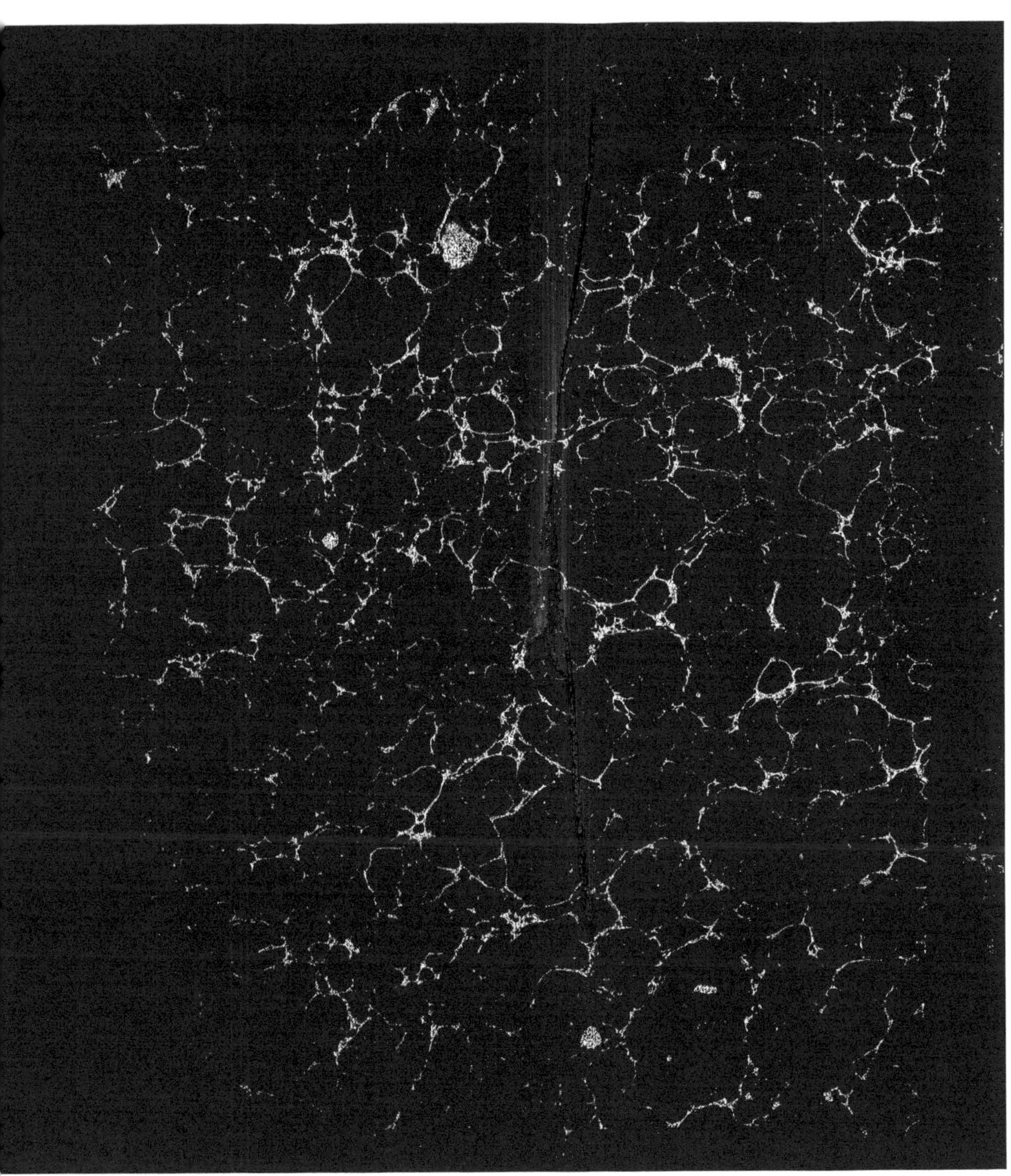

www.ingramcontent.com/pod-product-compliance
Ingram Content Group UK Ltd.
Pitfield, Milton Keynes, MK11 3LW, UK
UKHW020145200726
13856UKWH00003B/857